教子书坊

谢正斌◎编著

让孩子学会做人处事的50件事

·父母在生活中让孩子学会做人处事的第一本书·

九州出版社
JIUZHOUPRESS

目录

1

让孩子用笑容打动别人

做人处事箴言

微笑有一种神奇的作用，它可以缩短人与人之间的心理距离。在孩子与人交往时，先送给对方一个甜甜的微笑，那么孩子也将收获对方回馈的友善和尊重。所以，教会了孩子微笑，等于赠给孩子一笔宝贵的财富。

笑笑是个爱笑的孩子，正是这个原因，妈妈给她起了“笑笑”这个可爱的名字。

一次，学校老师让大家每人出一个节目，要求是要打动大家。笑笑没什么特长，皱着眉头告诉妈妈说怕完不成任务。

妈妈说：“笑笑怎么没特长呢？你笑起来，露出两颗小虎牙，很可爱的呀！这就是特长，因为你可以比别人笑得更甜美。妈妈相信你可以用你的笑容去打动老师和小朋友，也可以打动所有人！”

果然，表演那天，笑笑告诉大家：“妈妈说甜美的笑容可以打动所有人。我想用我的笑容打动大家！”说着，笑笑露出了两颗可爱的小虎牙，绽放了自己的笑容。然后，她又说："如果大家被感动了，就为我鼓掌吧！"

老师带头为笑笑鼓起了掌……从此以后，笑笑更爱笑了。

延伸阅读

教孩子学会微笑

笑容是一种令人感觉愉快的面部表情，它可以缩短人与人之间的心理距离，为深入沟通与交往创造温馨和谐的氛围。因此有人把笑容比作人际交往的润滑剂。

西方有一句谚语说："人是唯一会笑的动物。"我国也有一句谚语叫："笑一笑，十年少"。笑这种人类的本能动作，来源于人类也服务于人类。可以说，微笑是全世界各民族通用的语言。在人际交往中，保持微笑，至少有以下几个方面的作用：

(1) 表现心境良好。面露平和欢愉的微笑，说明心情愉快，充实满足，乐观向上，善待人生，这样的人才会产生吸引别人的魅力。

(2) 表现充满自信。面带微笑，表明对自己的能力有充分的信心，以不卑不亢的态度与人交往，使人产生信任感，容易被别人真正地接受。

(3) 表现真诚友善。微笑反映自己心底坦荡，善良友好，待人真心实意，而非虚情假意，使人在与其交往中自然放松，不知不觉地缩短了心理距离。

(4) 表现乐业敬业。工作岗位上保持微笑，说明热爱本职工作，乐于恪尽职守。如在服务岗位，微笑更是可以创造一种和谐融洽的气氛，让服务对象倍感愉快和温暖。

所以，没有人不希望看见微笑着的面容。孩子是祖国的未来和花朵。如何让孩子的未来充满阳光？如何让祖国的花朵鲜艳夺目？教会孩子学会微笑极其重要。

学会微笑，把灿烂的笑颜传递给下一代，不仅能给自己带来快乐，同时也能感染身边的每一个人，使孩子获得更多的朋友，取得更多的机会。父母要给孩子种下微笑的种子，让孩子从小就具备形象上的亲和力。

让孩子学会微笑，这对孩子来说不是一件苛刻的事。只要孩子能坚持，就能做到，这有利于他的身心健康，有利于孩子与同学、与老师、与社会上的每个人和谐相处，有利于孩子的茁壮成长。

想想孩子若能做到微笑地和同学相处，微笑地听老师讲课，微笑地做老师布置的作业，微笑地面对每个人，微笑地做他想做的事，甚至微笑地入眠，那孩子还有什么压力？还有什么负担？就算有压力和负担，只要他学会了微笑，他也会微笑着去面对和解决。

那么具体来说，父母应怎样教孩子学会微笑呢？

1. 让孩子感受到快乐

要让孩子微笑，父母就要让自己先保持良好的心境，以身作则用微笑迎接每天的到来，让孩子感受到快乐。一般来说，如果父母是开朗乐观的人，特别喜欢笑，那么，在这种家庭氛围中长大的孩子就能笑得很甜。

2. 时刻提醒孩子微笑

无论发生再大、再严重的事件，父母都应要求自己，要能够微笑。在孩子出门前，告诉孩子：“微笑吧，孩子，微笑可以超越一切阻碍。”同时，可以和孩子开个玩笑：“要是你笑不出来，就把一支铅笔横着咬在嘴里，再把铅笔抽出，保持口型就是标准微笑了！这也是礼仪训练中微笑训练的一个方法啊！”这个时候，孩子往往真的会笑出来。

3..训练孩子去微笑

训练微笑，要求微笑发自内心，发自肺腑，无任何做作之态，防止虚伪的笑。只有笑得真诚，才显得亲切自然，与孩子交往的人才能感到轻松愉快。

人微笑时，口角两端向上翘起。教孩子练习时，为使双颊肌肉向上抬，口里可念着普通话的“一”字音。同时让孩子看镜子里的自己是不是比沉着脸的时候更漂亮更和善。父母还要让孩子知道人人都喜欢面带笑容的人。孩子知道自己的笑脸更亲切，大家又都喜欢，就会经常笑了。

当然，父母一定要让孩子明白，真正的微笑应发自内心，渗透着自己的情感。表里如一，毫无造作或矫饰的微笑才有感染力，才能被视作参与社交的“通行证”。

讲给孩子的故事

你对顾客微笑了吗？

1919年，美国“旅馆大王”希尔顿把父亲留给他的1.2万美元连同自己挣来的3000元投资出去，开始雄心勃勃地经营旅馆。当他的资产从1.5万美元奇迹般地增值到5100万美元的时候，他欣喜自豪地把这一成就告诉母亲。没想到，母亲却淡然地说：“依我看，你跟以前根本没什么两样……事实上，你必须把握比 5100 万美元更值钱的东西。除了对顾客诚实之外，还要想办法使来希尔顿旅馆的人住过了还想再来。你要想出这样简单、有效、不花本钱却行之久远的办法去吸引顾客。这样你的旅馆才有前途。”

母亲的忠告使希尔顿陷入迷惘：究竟什么办法才具备母亲指出的“简单、有效、不花本钱却行之久远”这四大条件呢？他冥思苦想，不得其解。于是他逛商店、旅店，以一个顾客的身份亲身去感受。结果，得出了准确的答案：“微笑服务”。只有它才实实在在地同时具备母亲提出的四大条件。

从此，希尔顿实行了微笑服务这一独创的经营策略。每天他对服务员说的第一句话是：“你对顾客微笑了没有？”他要求每个员工不论如何辛苦，都要对顾客投以微笑。即便在旅店业务受到经济萧条的严重影响的时候，他也经常提醒职工牢记：“万万不可把我们心里的愁云摆在脸上。无论旅馆遭受多大的困难，希尔顿旅馆服务员脸上的微笑永远是属于旅客的阳光。”因此，经济危机中幸存的 20% 旅馆中，只有希尔顿旅馆服务员的脸上带着微笑。

经济萧条刚过，希尔顿旅馆就率先进入新的繁荣时期，跨入黄金时代。

告诉孩子

微笑使人感到温暖和舒服。我们在对别人微笑的时候，实际上是在表达一种无言的认同和鼓励。当然，我们也可以用微笑拒绝一些无聊的、不近人情的或难以回答的问题。

2

让孩子给老人让座

做人处事箴言

由于某些原因，孩子们往往会把本该具备的谦让转化成你争我夺的争斗，而生活中的各种悲哀也常常是由争斗引起的。谦让是一种美德。凡事争则不足，让会有余。教孩子学会让一让，他的未来才会更加美好。

公交车上，一位大哥哥给倩倩让座。倩倩征得妈妈的同意，很有礼貌地道谢后就坐下了。这时，上来一位老奶奶。老奶奶颤巍巍的，有点站不住。

妈妈推了推倩倩：“倩倩，观察一下，看看周围有没有比你更需要座位的人……”

倩倩也看到了老奶奶，赶忙起来让座。

周围很多人都朝倩倩投来赞许的目光，售票员阿姨夸奖她说：“这么小就知道谦让，真懂事！”

倩倩一脸兴奋地问妈妈：“我给老奶奶让座，大家好像都很喜欢我！”

妈妈告诉倩倩："你给老奶奶让座，并能从中体会到谦让的快乐，说明你学会照顾别人了！如果你的谦让能给自己和别人带来快乐，那就应该这样做！"

延伸阅读

教孩子学会谦让

谦让是中华民族的传统美德，而如今很多孩子都是父母的"心肝宝贝"，他们早已习惯了唯我独尊，缺乏谦让意识。且不说公交车、地铁上为了争夺一席之座的惨烈厮杀，单就学校食堂窗口前的你推我挤，就能看出谦让之风在孩子中间的匮乏。

也许是这个社会的竞争过于激烈，使得父母们都不想自己的孩子在外面吃亏，才造就了孩子今天的性格特征。难道"孔融让梨"的谦让美德真的已经过时了吗？

大家可能都还记得幼儿园里，老师讲的两只小山羊过独木桥的故事。故事说，两只小山羊同时从两边过独木桥，它们在桥中间相遇。小黑羊要到河的东岸去，小白羊要到河的西岸去，它们都想先过桥，然而桥上只能一次过一个人。它们谁也不让谁，结果发生了争执。闹得不可开交，它们就用羊角顶对方，结果双双掉到山涧里摔死了。

想象一下，如果在大街上，或在学校里，谁都不让谁，会成什么样子呢？

现在，在很多孩子中渐渐丧失的是谦让，如若父母们坐视不理，任由私欲在孩子心中膨胀，长此以往，我们失去的也许就

是整个延续了上千年的中华传统美德，所以对孩子加强思想道德教育刻不容缓。

俗话说：“满招损，谦受益。”“路要让一步，味需减三分。”要做到谦虚求学，谦逊处事，谦让待人，切忌骄傲自满，盛气凌人。君子厚德载物，雅量容人。学会谦让，是一个人立身处事最平安最快乐的方法。

有这样一个故事。

美国拳王乔·路易在拳坛所向无敌。有一次，他和朋友一起开车出游，途中，因前方出现异常情况，他不得不紧急刹车。不料后面的车因尾随太紧两辆车有了一点轻微碰撞。后面的司机怒气冲冲地跳下车来，嫌他刹车太急，继而又大骂乔·路易驾驶技术有问题，并挥动双拳，大有想把对方打个稀巴烂的架势。乔·路易自始至终除了道歉的话外再无一语，直到那个司机骂得没趣了，扬长而去。

事后，乔·路易的朋友不解地问他：“那人如此无理取闹，你为什么不好好揍他一顿？”乔·路易听后认真地说：“如果有人侮辱了帕瓦罗蒂，帕瓦罗蒂是否应为对方高歌一曲呢？”

做人境界之高低，往往就体现在处理矛盾的不同方法上。懂得谦让的人会主动化解矛盾，而不懂谦让的人却总是激化矛盾。其实以乔·路易的实力，只需不重的一拳，就可以给那个蛮不讲理的人一个深刻的教训，而他并没有这样做，他只是以谦让的人格力量去感化对方。

谦让是一种豁达的挚爱，可以化冲突为祥和，化干戈为玉帛，谦让又是一种高尚的品德。别人冲撞了你，内心也会感到不安，你以谦让待人，自然会得到别人的理解与拥戴。谦让需要深厚的涵养，它是一种善待生活、善待别人的境界，能陶冶人的情操，带给人心灵的恬淡与宁静。谦让实在是一门生活的学问，很有必要教给我们的孩子。

当孩子们在一起争抢玩具时，许多父母都简单地以“大的孩子要让着小的孩子”、“男孩子让着女孩子”，或是说一声“对不起，没关系”就了事了。殊不知，这样会引起孩子的困惑，“为什么他做得不对，我还要让着他呢”，“为什么每次都是大的让着小的呢”。久而久之他们就会对父母失去信任，有的孩子甚至用攻击性手法来处理生活中的矛盾。

对待孩子们中的矛盾，我们必须正确面对孩子的谦让问题。父母的任务是要引导他们思考“对与错”，并了解任何游戏都是有规则的，如果违反规则，就是错误的。父母要在适时适宜的情况下，帮助犯错的孩子改正错误的行为，让他初步体验是与非。这种体验对于年幼的孩子来讲，对其今后在社会交往中处理各种问题是非常有利的。

成成和邻居的几个小朋友因为玩具和发生了争执。妈妈没有简单的要求成成让着对方，而是教成成很有礼貌地问对方：“能让我玩一会吗？”并且告诉成成，如果硬抢，小朋友是不会给他的。等成成得到了玩具，妈妈又跟他商量：“你玩一会儿，小朋友玩一会儿，大家要轮流玩，玩具也喜欢认识更多的小朋友呀。”

以后，孩子再遇上这样的事情，他们也会这样处理。后来，妈妈还看见过成成指着跟他抢玩具的小朋友说：“你不许这样抢，你好好说我就给你玩，你抢我就不给你玩了。”

一次，成成想玩别人的玩具，妈妈也要求他自己去商量。可成成回来很委屈地说：“妈妈，我对小朋友好好说了，他怎么不答应呀？”妈妈笑着给他解释：“小朋友就像你一样喜欢这个玩具，他想跟玩具多玩会儿，过一会儿再问问他吧。”慢慢地，成成也能学会理解别人，学会谦让了。

人们常说：“具体问题具体分析。”解决孩子之间的谦让

问题也须如此。从发生矛盾到解决矛盾，应该让孩子学会理解别人，学会商量，学会等待，学会轮流。在这个过程中，孩子的自控能力会得到提高，自我认知能力也会得到增强。

当然，谦让并不意味着退却不前或软弱可欺，并不是面对委屈、误解，甚至凌辱无动于衷。教孩子谦让，是教孩子顾全的是大局，着眼的是未来。因为谦让者总能以宁静平和的心态去感化他人的浅薄行为，以宽阔博大的胸怀去包容他人的悖理举动，最终以无可争议的成功来警醒别人。

教孩子学会谦让，那样将来他才能成为一个心胸宽广之人。

讲给孩子的故事

豹子和巨蟒的争斗

在一个原始森林里，一条巨蟒和一头豹子同时盯上了一只羚羊。豹子看着巨蟒，巨蟒看着豹子，各自打着“算盘”。

豹子想：如果我要吃到羚羊，必须首先消灭巨蟒。

巨蟒想：如果我要吃到羚羊，必须首先消灭豹子。

于是几乎在同一时刻，豹子扑向了巨蟒，巨蟒扑向了豹子。

豹子咬着巨蟒的脖颈想：如果不下力气咬，我就会被巨蟒缠死。

巨蟒缠着豹子的身子想：如果不下力气缠，我就会被豹子咬死。

于是双方都死命地用着力气。

最后，羚羊安详地踱着步子走了，而豹子与巨蟒却双双倒

地。

猎人看了这一场争斗甚是感慨，说：“如果两者同时扑向猎物，而不是扑向对方，然后平分食物，两者都不会死；如果两者同时走开，一起放弃猎物，两者都不会死；如果两者中一方走开，一方扑向猎物，两者都不会死；如果两者在意识到问题的严重性时互相松开，两者也都不会死。”

告诉孩子

有些东西即使你费尽九牛二虎之力，也是争夺不来的，结果反而弄得两败俱伤。很多时候，只有以谦让为做人之本，才能保全自己，成全别人。

3

让孩子为错误道歉

做人处事箴言

孩子成长的过程，是一个不断犯错误，不断改正的过程。父母要培养孩子自己发现错误，进而去思考的习惯。同时父母要帮孩子分析错误的原因，把道理讲透彻。要给孩子改过的机会，千万不要轻易给孩子“定罪”，因为那样会伤孩子的自尊和自信心。

一位母亲带着5岁的儿子上街，活泼的孩子跑在前面，闯红灯横穿马路。这时，一辆小汽车驶来，虽然司机及时紧急刹车，没有撞着孩子，但还是吓得孩子惊慌失措，倒在地上。

孩子的母亲急忙上前扶起孩子，司机也立即下车。司机感到自己开车太快，惊吓了孩子，应该向孩子及其母亲道歉。

然而，孩子的母亲不但没有责备司机，反而批评孩子：“过马路不看前后左右，太莽撞，尤其是你闯红灯，是你自己的错。”并叫孩子向司机道歉。

最后，这位小朋友果真心服口服地向司机承认了错误。

延伸阅读

教孩子勇于承认错误

虽然人人都会犯错，但是敢于承认错误并为之负责任的人却是少之又少。大人尚且如此，更何况是孩子呢。受传统观念的影响，一些父母认为，孩子的错误用不着纠正，长大了自然就好了。殊不知，父母的这种态度会导致孩子自以为是、知错不改。

还有一些父母认为，孩子还小，没有能力承担责任。孩子犯了错，作为父母，代孩子道歉是理所应当的。父母爱孩子没错，然而这样代孩子道歉的教育方式对孩子的成长是没有帮助的。

我国有句古话：好汉做事好汉当。既然孩子做了错事，就应该让他自己向人家道歉、赔偿损失。这样不仅是为了取得别人的原谅，更重要的是使孩子从小就懂得为自己的言行切实负起责任来，这对增强孩子的自律精神、谨慎言行，以及将来独立和全面地承担人生责任和义务，顺利地融入社会生活，是非常有益处的。

孩子应当学会对自己的行为后果负担起他能负的责任，孩子打碎了邻居家的玻璃，就应该自己赔偿这块玻璃，即使他花掉了自己所有的零花钱。但是，他决不会因此得到父母一分钱的补贴。如果钱不够，父母可以考虑借钱给他，但他必须有自己的还款计划。比如，早晨为附近的邻居送牛奶、取报纸，周末为别人修剪草坪，节约自己每周的零花钱等等。父母之所以要这样做，原因就是为了让孩子为自己的过失付出代价。只有付出这种代价之后，孩子才能接受这个宝贵的人生教训。

孩子做了错事，由父母替孩子认错、向别人道歉，其用心虽然是疼爱孩子，但这种疼爱合情却不合理。孩子还小，分辨是非的能力不强，若父母一味地代孩子向别人道歉，而不让孩子明白自己做错了事，不要孩子对自己所做的事承担责任，很容易使孩子养成依赖思想，事事依靠父母。此外，父母的这种行为是在袒护孩子的过错，孩子既不能从中获得应有的教训，也不能树立起对自己言行的责任感。这可能就是孩子屡教不改的根源。

在一般情况下，年幼的孩子做不出什么太出格的事，但由于父母总是出面代孩子受过，久而久之，就容易使孩子觉得凡事都有父母顶着，万事都可迎刃而解，从而逐步变得肆无忌惮、为所欲为。

父母应该让孩子自己说“对不起”，让他知道自己做错了事应该自己负责，以培养孩子的责任感。这样，孩子成人后，才会勇于承担家庭及社会责任，成为一个独立、坚强而有责任感的人。

勇敢认错、诚实道歉当然很重要，但在道歉之前应先让孩子思考自己为什么要道歉，什么地方做得不对，让他知道不可以再犯同样的错误。可以说，这比光说一声“对不起”更重要。

在现实生活中，有很多父母逼迫孩子说“对不起”，而这样做的结果只能让孩子误以为任何事只要说句“对不起”就能够解决问题。事实上，让他们知道错在什么地方，知错、认错、懂得反省，才是最重要的。

孩子做错事的时候，父母不要一味地袒护，而要帮助孩子分析事情的前因后果，让他知道自己做错了事，就要对此承担责任，应该向对方道歉，求得对方的谅解，这对于培养孩子的责任感是很必要的。

父母一定要鼓励孩子勇于承认错误，并给予奖励、表扬。很多做父母的只会在孩子表现“精彩”时才给予奖励，殊不知，勇于承认错误更难得。同时，父母要帮助孩子找到犯错误的原因，然后和孩子一起寻求解决的办法。很多时候，失败的经验、教训更能够推动一个人的成长。高明的父母可以让孩子在否定自己的过程中看到自己的成长，体会到更深刻的成就感。

讲给孩子的故事

道歉，你自己去

一天，一位妈妈带着女儿在广场上玩皮球。过了一会，来了几个小朋友，于是大家就一块玩了起来。

突然，这位母亲听到了小朋友的哭声，可是她并没有过去，只是远远地看着。过了一会儿，女儿垂头丧气地过来了。

母亲问她怎么不玩了，她说自己和一个小朋友抢皮球，不小心把那个小孩子推倒了，那个小孩就哭了起来。别的小朋友要她向那位小朋友道歉，可她觉得自己没错，拒绝道歉，于是，那些小朋友就不和她玩了。　这位母亲没有批评女儿，而是温柔地对女儿说：“如果你是那位小朋友，你被别人推倒了，虽然别人不是有意的，你会怎么想呢？”

“这……妈妈，我会让他向我道歉的。”

“这就对了，换做是你，你就要求别人道歉，那现在是你做得不对，为什么不向那位小朋友道歉呢？一个人是要对自己的过错负责的。”

“妈妈，让我想一下。”

五分钟过后，这个小女孩走到那位小朋友面前，红着脸说：

“对不起，刚才是我错了。”

那个小朋友已经不哭了，看着小女孩来道歉，也有点不好意思地说：“没关系，我们还一起玩皮球吧。”

于是，一群小朋友又高高兴兴地玩了起来。

告诉孩子

做错事很正常，要敢于面对，敢于承认，这样才会有改过的机会。敢于承认错误，才能得到别人的谅解。

4

让孩子感受一下分享的乐趣

做人处事箴言

学会与人分享是一件很快乐的事情。告诉孩子，与朋友分享快乐，一个人的快乐就会变成两个人、甚至是多个人的快乐；而与人分担痛苦，我们自身的痛苦就会减半。不愿与人分享的人往往会失去很多快乐，背负很多痛苦。

在扬扬的字典里，根本查不到“分享”这两个字。

新春长假，叔叔阿姨带着孩子们来扬扬家玩。小朋友看到扬扬的玩具心里痒痒地哀求道：“扬扬，让我玩玩吧？”“不可以，你坐在旁边看我玩吧！”之后无论其他的小朋友如何央求他，拿出其他的交换条件，搬出大人来当救兵，扬扬依然故我。

为了让扬扬懂得与人分享，妈妈和朋友们组织了一次旅游。大家你带一点吃的，我带一点喝的，也把各自的孩子带在身边，准备让孩子们体会自己的父母是如何与人分享的。

扬扬妈妈准备了一块大面包，边抹黄油边问扬扬：“这是妈妈的，妈妈愿意和你分享，你愿意和别的小朋友分享吗？”扬

扬摇摇头说："不，分给别人我就没有了。"然后，抓着一块面包就吃。

过了一会儿，扬扬渴了。妈妈很抱歉地说："我们忘记带水了。瑶瑶家带水了，不知她愿不愿意与你分享。"扬扬不好意思，妈妈告诉他："把你的面包分给瑶瑶一份，兴许她会和你分享她的饮料。"

于是扬扬拿着面包对瑶瑶说："我愿意和你分享面包，你的水能给我喝点吗？"

瑶瑶答应了。扬扬很高兴。妈妈趁机告诉他："你愿意与小朋友分享自己的东西，小朋友有好吃的、好玩的也会想起与你一起分享，大家一起不是更开心吗？"

吃饱喝足扬扬就开始搭积木。这时，蒙蒙拉着瑶瑶走过来说："我们一起玩积木好吗？我这里也有。"扬扬看看两个人，答应了。

三个孩子玩得很开心。扬扬还告诉妈妈："我们的积木放在一起，可以搭一个特大的高楼，大家一块儿让小猴、小兔、小山羊住进去，比一个人的时候好玩多了。"

延伸阅读

让孩子学会与人分享

现实生活中，我们都越来越深刻地意识到：现在很多孩子什么也不缺，可是却越来越小气，越来越"独"，越来越自私了。他们不愿和别人一起分享，不会有福同享，别人的就是自己的，

而自己的决不给别人。

其实也难怪，如今的孩子大多是家中的独苗，被人捧着护着。属于他的东西从不需要分给别人，不属于他的东西父母长辈也会千方百计为他弄来。尽管开始只是一只苹果一个梨，但滴水可以穿石。成长在这样环境中的孩子，渐渐凡事都以自我为中心，自私自利、斤斤计较，难以与人友好相处，更谈不上与人分享、合作。

不懂得分享虽不是什么大毛病，但如果父母不及时加以纠正，孩子将会成为一个不愿与人分享、独占意识很强的人，那么将来他就很难拥有良好的人际关系。不善于与别人合作，就注定要在激烈的社会竞争中被淘汰。所以，培养孩子从小与他人分享的意识很重要。

分享不只是一种行为方式，更是一种美德。让孩子学会分享，关键在于体验。体验分享，才能从内心理解分享的意义。

可是，小孩子能理解分享的含义吗？当然可以，孩子并非没有理解力。只不过，孩子理解事物的方式与大人不同。通过口头解释大人就能明白的事情，你对孩子讲半天，可能他都似懂非懂。要让孩子理解，需要给他亲身体验、感受的机会。孩子体验到了，才能理解。所以，要让孩子理解分享，根本的解决方法不是去说教，而是让孩子与身边的环境互动，去体验，去感受，做到真正的理解。

父母很有必要为孩子创设充满“分享”的家庭环境。孩子身边所有的人、物、事件、情绪，共同构成他成长的环境。当环境中充满了分享的意识、情绪、行为，孩子的“分享”也会从心底发生。

分享中包含着宝贵的平等与博爱思想，它不仅仅是简单的行为，其中凝聚着宝贵的美德。

为孩子营造“分享”的家庭氛围，父母应具体地做到以下几点：

1. 给孩子创设分享的机会

父母要鼓励孩子多参加活动，让他在与同伴共同活动时共同分享快乐。同时，也要常提供孩子为父母服务的机会，比如吃水果时，让孩子进行分配，若他分配得合理，应及时表扬强化。

2. 告诉孩子分享并不是夺走

很多孩子愿意在别人家玩人家的玩具，但是让他拿出自己的玩具，他就不乐意了。如果是这种情况，在客人到来之前，父母可以让孩子挑选几样他愿意让别人玩的玩具，告诉他不要担心玩具被弄坏。这样当他无条件地与别人分享东西时，他能感到自己对这些东西仍有控制力，它们还是属于他的。

3. 不能让孩子搞特殊化

在家庭生活中要形成一定的“公平”环境，不让孩子吃独食，防止滋长“独享”意识。父母要教育孩子既看到自己也要想到别人，知道自己与其他成员是平等关系，要求孩子做到好东西应该大家分享。

4. 父母要为孩子树立榜样

父母要做与人分享的模范，经常主动地去关心帮助他人，使孩子从小受到良好家庭风范的影响，耳濡目染，就会养成同他人分享与合作的良好品质。小孩子不肯与人分享是很自然的，而且很小的孩子常常认为凡是他能够得到的东西都是属于他的。但是他们也喜欢讨大人的欢心，如果教给他们分享，当他们五六岁时，一般能在大多数时间里和伙伴一起好好玩。

与人分享不是自发的，必须教给孩子怎样去做。但话又说回来了，虽然孩子能够学会分享，但它对孩子来说是个很难理解的观念。在要求孩子把玩具拿出来让别人玩时，一定要使他有足够

的时间玩自己的玩具。承认孩子的所有权会使他感到分享是在他控制之下的。

另外，父母对孩子的每个慷慨举动都要及时表扬。

做到了这些，你就不愁自己的孩子太“自私”了。

讲给孩子的故事

白马找证人

很久以前，有一匹高大健硕的白马，发现了一处非常好的草场。这匹白马非常兴奋，认为自己以后再也不必到处跑着找草场了，因为这片草场足够自己吃一辈子的了。

就在这匹白马万分高兴的时候，有一头美丽的梅花鹿跑过来吃草。那匹白马气势汹汹地吼道：“这是我的草场，你给我滚出去！”小鹿抬起头，看到的是一匹高大的白马，便和气地说：“白马伯伯，你说这是你的草场，有什么证据吗？”

“当然有证据，你等着，我这就去把证据找来。”说着，这匹白马便飞一样地跑走了。

白马在山下发现了一户人家。白马非常有礼貌地对这家主人说：“请你上山为我作证好吗？”这家的主人想了想说：“我可以答应为你作证，但你也要答应我一件事，我要给你戴上笼头和马嚼铁……”为了要那片草场，那匹白马爽快地答应了这个人的要求。

这个人给白马戴上了笼头和马嚼铁，骑着它来到了那片美丽的草场，为白马做了证。就这样，那片草场就归属于白马了。不过，戴上笼头和马嚼铁后，它必须每天都去为给它作证的人耕地、驮东西。

白马虽然成了草场的主人，但它同时也成了人的奴隶，并且从它以后的世世代代也都成了人的奴隶；而小鹿和它的后代们至今则仍是自由的。

告诉孩子

分享不是失去。你与别人分享了玩具和巧克力，下次别人可能也会回报你同样的关心与帮助，这样彼此关心、爱护，大家都会觉得温暖和快乐。

5

让孩子准确地称呼别人

做人处事箴言

我们不能整天把孩子关在一个封闭的角落里，而应该让他们多见见世面，不断增长自己的见识，多与别人交往，锻炼交际能力。只有这样，孩子才能够健康地成长。

宋词学会叫爸爸妈妈以后，经常因此而受到表扬。

家里来了年轻的男客人，妈妈就教他“叫叔叔”；来了年轻的女客人，妈妈就教他“叫阿姨”；来了年纪大的男人，妈妈就教他“叫爷爷”；来了年纪大的妇女，妈妈就教他“叫奶奶”。渐渐地，妈妈发现，宋词自己学会判断了。

妈妈知道，孩子会称呼别人就容易打开与人交往的门户，所以教孩子称呼别人是培养孩子社交能力的一项重要内容，应及早教孩子学会。学称呼，还可以锻炼孩子是否能按人的性别年龄给予正确称呼的能力，这种能力与孩子在家时是否有机会接触生人有关。

家里很少来客人，宋词没有学习的机会，妈妈就经常带他到街心公园玩，或者参加亲子园的活动，或者经常与亲属家来往，

以锻炼孩子的这种能力。

令妈妈欣慰的是，宋词还不会说较为复杂的话，见到陌生人已经能相对准确地称呼对方了。能被一个牙牙学语的孩子准确地称呼，确实是一件很令人高兴的事！难怪大家都喜欢宋词。

延伸阅读

帮孩子树立社交意识

如今，很多家庭都只有一个孩子。由于怕孩子累着、绊着、被人欺负，一些父母几乎把所有的事都揽到自己身上。这样就大大限制了孩子与人接触的机会。长此以往，会让孩子逐渐脱离群体，不懂如何与人相处，无法开口说话。

一位母亲忧心忡忡地向心理医生倾诉：

“我家孩子上小学时就拥有了自己的房间，但随着年龄的增长，孩子越来越喜欢一回家就关上房门，而且还把门反锁上。开始我们认为孩子独自在房间里会安心看书，没想到她的成绩一天天下滑。我们一气之下，干脆把孩子房门上的锁给撬掉了。谁知孩子更绝，一回到家，照样关上门，然后再用凳子把房门堵上。我们家里买了电脑，我们说什么也不敢让孩子上网，但她干脆借了一大堆碟，关了房门独自欣赏，任凭我们在门外喊破喉咙也不开门。我们给了孩子独处的空间，但却使孩子和我们越来越疏远，这孩子到底怎么了？”

很多被长期关在家里的孩子，因缺少与人交往，特别是与小伙伴交往的机会，个性、语言、智力等方面的发展受到了严重的影响，甚至养成了刁钻、古怪、孤僻的性格。

孩子需要有机会与个性不同的孩子交往，互相影响，取长补短，以弥补自己的不足。例如：孤僻的孩子需要交开朗的朋友；过分受到保护的孩子需要自主性较强的伙伴；胆怯的孩子需要和较勇敢或富于冒险精神的孩子在一起；幼稚的孩子能从和比较成熟的伙伴们的交往中得到益处；霸道的孩子可以由强壮而不好战的玩伴来矫正等等。从这个意义上说，父母应当鼓励孩子与人交往。

美国前总统肯尼迪的父亲约瑟夫，很注意制造条件让孩子得到多方面的交往机会，他让男孩子们全部到非教会学校读书，使他们能与各种背景的人接触，扩大视野。后来，他的 4 个儿子全部进了哈佛大学，成为杰出人士。

摩托罗拉公司的创始人——美国大企业家高尔文，只有一个儿子叫鲍勃，他期望儿子能够继承自己的事业。于是，他频频让儿子参与各种社交活动，增长儿子的见识。高尔文公务外出时，总是尽量带上鲍勃，一方面用来弥补与儿子常不在一起的缺憾，更重要的是让儿子有与更多的人交往的机会。他亲切地对儿子说："坐飞机可以飞翔蓝天，穿云过雾；坐轮船，可以乘风破浪。干什么事都要继往开来，永远前进。不前进，便要落后，便要被淘汰。"

这两位父亲都很重视培养孩子与人交往的能力，因为他们明白：人们从小到大就一直处于社会互动之中，受到这些规则和习惯潜移默化的影响，从而逐步接受和掌握这些规则和习惯，最终融入到整个社会群体之中，而交往的技能只有在与人交往中才能学会。父母应该尽可能地为孩子打开生活空间，鼓励孩子走出家门，广交朋友。比如，让孩子去找伙伴玩，邀请邻居家的小孩子、同班同学来家做客等等。

心理学家指出，同伴对指导或训练儿童掌握社会交往技能，帮助孩子摆脱孤独，具有特殊的作用，因为这种技能，儿童是无法在成年人那里学到的。

有些父母只看成绩，认为学习是最重要的，反对孩子做一点社会工作。这种看法不全面，不利于发展孩子的社交能力。其实，做一点社会工作不一定就会影响学习，反而会加强孩子与人交往的能力。孩子的社交能力反映着一个孩子的修养与气质。很难想象一个只会做习题的小书呆子将来如何在社会上与人相处。

因此，父母要从点滴小事培养孩子的社交能力，主动地为孩子提供与他人交往的机会，让孩子从小就有“与人交往”的意识。教育孩子学会称呼人，学会礼貌，不粗俗，不霸道，不任性，待人和气、诚恳、热情。

父母要教给孩子一些必要的待人处世的办法，并提供机会让孩子去实践，如带孩子上车，让孩子买票；要问路，鼓励孩子自己去做；平时可以多带孩子外出，让孩子接触各种各样的人；主动与邻居、周围的人打招呼；欢迎孩子的朋友到家里来做客，让孩子做小主人自己招待来客等等。

如果你的孩子有一定的社交能力，他一定能结识许多朋友，一定能得到更多的帮助，他的生活一定更加丰富，心理一定更加健康。

讲给孩子的故事

一块石头的价值

有一天，一位禅师为了启发他们的徒弟，给他的徒弟一块石头，叫他去蔬菜市场，试着卖掉它。

这块石头很大，很好看，但师父说：“不要卖掉它，只是试着卖掉它。注意观察，多问一些人，然后告诉我在蔬菜市场它能卖多少钱。”

徒弟去了蔬菜市场。在菜市场，许多人看着石头想：它可以作很好的小摆设，我们的孩子可以玩，或者我们可以把这当作称菜用的秤砣。于是他们出了价，但只不过几个小硬币。徒弟回来后说：“它最多只能卖到几个硬币。”

师父说：“现在你去黄金市场，问问那儿的人，但是不要卖掉它，只问问价。”

从黄金市场回来，徒弟很高兴，说：“这些人太棒了，他们乐意出到1000 元钱。”

师父说：“现在你去珠宝商那儿，但不要卖掉它。”

徒弟去了珠宝商那儿。他简直不敢相信，他们竟然乐意出5万元钱，他不愿意卖，他们继续抬高价格——他们出到10 万元。但是他说：“我不打算卖掉它。”他们说：“我们出20 万元、30 万元，或者你要多少就多少，只要你卖！”他说：“我不能卖，我只是问问价。”他不能不相信：“这些人疯了！”他自己觉得蔬菜市场的价已经足够了。

他回来了，师父拿回石头说：“我们不打算卖了它，现在你应该明白了，这主要是想培养和锻炼你充分认识自我价值的能力和对事物的理解力。如果你生活在蔬菜市场，那么你只有那个市场的理解力，你就永远不会认识更高的价值。”

告诉孩子

一个人自身的价值，取决于对自身的认识。要想得到更多人的肯定，你就不能把自己局限在一个狭小的范围内，只有多与人交往，多参加集体活动，接受来自各方面的检验，你才会发现自己真正的价值。

6

让孩子知道妈妈的爱

做人处事箴言

在生活的点滴中，父母应以身作则教孩子对人付出他的爱，多鼓励孩子的良好行为，比如帮助别人、礼让等；多淡化孩子的不良行为，比如抢占别人的玩具、独享等。时间长了，孩子自然而然就学会付出了。

一个星期天，聪明的男孩嘉南给妈妈写了一份账单：“嘉南给妈妈到超级市场买食品，妈妈应付 5 元；嘉南自己起床叠被，妈妈应付 2 元；嘉南擦地板，妈妈应付 3 元；嘉南是一个听话的好孩子，妈妈应付 10 元。合计：20 元。” 嘉南写完后，把纸条压在餐桌上，便上床睡觉去了。

忙得满头大汗的妈妈看到了这张纸条后，只是宽容地笑了笑，随即在上面添了几行字，放回了嘉南的枕边。

醒来的嘉南看到了这样的一份账单：“妈妈含辛茹苦地抚养嘉南，嘉南应付 0 元；妈妈教嘉南走路、说话，嘉南应付 0 元；妈妈以后还将继续为嘉南奉献，嘉南应付 0 元；妈妈拥有一个天使般

可爱的儿子，嘉南应付 0 元。合计：0 元。”

嘉南才知道，妈妈的爱是不讲报酬的，是无私的。

延伸阅读

教孩子学会付出

曾有一个组织发过一项问卷调查，向孩子提出“在你的印象里，爸爸妈妈有没有生过病？生病时你有照顾过他们吗？”面对这个问题，某小学三年级一个班 30 个学生中竟然有近 1/3 的人这样回答：“爸爸妈妈从来没有生过病！”另外还有不少人干脆回答“不知道”。调查的结果令人心寒。

可以说，父母对孩子的付出从未停止过。即便如此，很多父母还唯恐为孩子做得不够多，想得不够细。所以，很多时候，哪怕再苦再累，也要想办法满足孩子的要求。也许父母爱孩子是一种天性，不用学习便人人都会，但做父母的是否意识到，我们也应该像教孩子学习一样，认真地去教孩子“爱”和付出的能力呢？

1. 给孩子做好表率

“其身正，不令而行。”父母要以身作则，从自身做起，对上一代的付出表达感激之情，给孩子做好示范。爱有许多表达方式，离父母近的多回家看看，多帮父母干点活；家远的多和父母通通电话，节假日尽量留给父母……自己尽心而做，尽力而为。有一些小事，我们不经意间做了，却会对孩子产生影响。正如一则电视广告，妈妈给奶奶洗脚，孩子也就给妈妈洗脚。反之，如果做父母的自己都不知道付出，就很容易形成“上梁不正下梁歪”的恶

性循环。

2. 不要拒绝孩子的爱

经常有父母在孩子关心自己的时候会拒绝，甚至训斥，伤了孩子的心，打消了孩子付出爱心的积极性。比如孩子要帮父母做事时，有不少父母常会说，用不着你，你把学习搞好了就行。甚至会不耐烦地说，去去去，别捣乱，一边儿呆着去。有的孩子送给父母精心制作或买来的礼物时，有许多父母或不当一回事笑话孩子，或斥责孩子没把心放到正地方，并警告孩子下不为例。久而久之，孩子就不愿再付出关心，因为他们觉得父母不需要。

3. 对孩子要有所求

父母为孩子做的一切似乎都出于本能，不对孩子说为什么要这样做，也不要求孩子的回报。殊不知，在这种环境下长大的孩子只会心安理得地接受，而不懂得付出。一旦父母“服务”不到位，甚至会遭到孩子的抱怨，因为他们已经把父母为他们付出当成了习惯，同时也使自己失去自己动手、为他人着想的习惯和本能。

所以，父母适当地提醒孩子来关心自己，偶尔向孩子寻求帮助是很有必要的。这可以让孩子在关爱别人的同时品味到付出的快乐。孩子只想着自己而忽略父母的时候，父母可以表现出生气的样子。让孩子知道不关心父母，父母也会不高兴的。工作太累的时候，可以求孩子帮忙洗洗袜子、收拾桌子、打洗脚水等等，虽然父母心里清楚孩子不可能做得完美，但不让孩子做，孩子就永远也学不会。当然，孩子乐呵呵地做完时，父母一定要很正经的感谢并夸奖孩子。孩子习以为常了，就会以此为乐。

4. 让孩子学会关心和帮助他人

理解父母的付出和辛苦是孩子学会关心和帮助他人的起点。父母要经常与孩子交流，告诉孩子自己的辛劳、烦恼和不适（但不要唠叨和抱怨），让孩子认识和体会到父母同样需要关心和帮助。同时，让孩子分担力所能及的家务事，如洗手绢、擦桌子、倒垃圾等，让他亲身体验父母每天的操劳和辛苦。这样，孩子与他人交往时，就会主动关心和帮助别人。

当然，父母应向孩子讲述、示范哪些行为和表情是他人寻求帮助的信号，教孩子明确他人的需要，并教孩子如何正确表达关心及向别人提供帮助。这样孩子就能在别人需要的时候付出自己的爱心了。

此外，当孩子自私无理不愿付出时，父母要立即制止并表示自己的失望与生气。可以用“完全收回爱”的方法对孩子进行惩罚，即对孩子不予理睬、暂时让他感到你不再爱护他，直到孩子愿意认错并道歉。在惩罚之前或之后，一定要给孩子讲明“为什么”和“以后应怎么做”。

要想使孩子获得他人的爱，首先要教孩子学会爱他人。父母都希望哪一天能享受到孩子的那份回馈的爱，那么让我们就不仅仅要爱我们的孩子，还要教孩子懂得爱，付出爱。

讲给孩子的故事

孩子的生日，父母的生日

“孩子们，曾经过过生日的请举手”。老师的话音刚落，孩

子们的小手就像森林一样全举了起来。

老师又问：“请你讲一讲自己的生日是怎么过的？都收到了什么礼物？”

教室里立刻炸开了锅，这个孩子说生日是在大酒店过的，那个孩子说生日收到过衣服、玩具、大蛋糕等礼物。没有被叫到回答的孩子等不及了，自己站起来就大声说起来。孩子们口中的场面一个比一个气派，礼物一个比一个高级。

老师微笑着拍拍手，示意大家停下来，然后问：“你们谁知道父母的生日是哪一天？”

顿时，热闹的教室没有了动静，只有几个孩子举起了手。

“那给父母过过生日的同学请站起来。”老师紧接着又说。

没有一个孩子站起来，大家你看我，我看你，都不好意思的低下了头。

于是，老师把话题一转，说：“我们从呱呱坠地的婴儿，成长到今天的健康少年，里面包含了多少父母的心血和汗水？我们要学会感恩，学会孝敬父母，体贴父母！我们也要为父母付出，让父母感觉到我们爱他们！”

告诉孩子

其实父母要的很简单，能在节日或他们的生日，听到儿女送上的一句真诚的祝福，他们就很开心了。因为他们知道，这代表着孩子回馈的爱。

7

让孩子体会一下爸爸的辛苦

做人处事箴言

百德孝为先。孝不仅是一种美德和责任，也是一种做人的态度。如果一个人连父母都不孝顺，那么他的人品也将是值得怀疑的，他的心态也将是不健全的。跟这样的人相处是很危险的。

王凯是个独生子，但他却对爸妈缺少关切之情，也不能正确理解爸妈对他的爱心。为此，爸爸采取了相应的措施来教育孩子。

双休日爸爸骑车带王凯到公园里玩。回家的路上行人稀少，爸爸问道："你觉得骑车有意思吗？"王凯说没骑过，不知道是否有意思。爸爸问他想不想试一下，王凯高兴地表示同意。于是爸爸骑坐到后车架上，双手伸直了把住车把，王凯跨到大梁上骑车，凭自己的操作使自行车滚滚向前，这使王凯兴趣陡生。可他毕竟还小，骑过800米后就有些体力不支了，额头上也渗出了小汗珠。最后他喘着粗气停下来，好奇地问："爸爸，你骑车带我上学也这么费力吗？"爸爸说："尽管我力气大些，不过每天也都挺累，尤其是上坡时更费力气。"

星期一爸爸照常骑车带儿子上学。骑到一个上坡处时，坐在后边的王凯忽然跳下来，用一双小手推起车来。爸爸心满意足，真诚地说了一句："谢谢儿子，你现在知道关心爸爸了，这太使我高兴了。"

延伸阅读

教孩子学会孝敬父母和老人

近年来，很多家庭患上了"四二一综合症"，即四个老人和一对父母共爱一根独苗，溺爱已成为严重的社会问题。

奶奶六十大寿，孩子非要先吃一块生日蛋糕，爸爸不允许，孩子犯了横："不让我先吃，你们也别想吃！"一巴掌把生日蛋糕打翻在地。奶奶哭着说："我爱你12年，你爱我一天也不行吗？"

付出12年的爱，得到的回报却是"爱我一天也不行"，令人寒心，发人深省。孩子为什么会这样冷酷无情、自私自利呢？很大程度上是因为父母过于溺爱孩子，没有使他们养成孝敬老人的习惯。

事实已告诉了我们，今天强化孝敬父母教育的重要性，孝敬父母是孝敬长辈的起点，也是做人最基本的道德，假如孩子连孝敬父母都不懂，又谈什么尊敬其他长辈？谈什么关心他人？

那么，家长应该怎样教育孩子孝敬父母和老人呢？

1．言传身教为孩子树立榜样

家长要给孩子讲道理，举实例，让孩子明白长辈辛苦劳动换来了一家的幸福，理应受到孩子的尊敬。

俄国著名作家列夫·托尔斯泰曾写过一个《爷爷和孙儿的故事》。

爷爷老了，行动不便，吃饭时口水鼻涕一起流出来，儿子、媳妇嫌他脏，不让他同桌吃，把他赶到灶边独个吃。

有一次，爷爷不小心把吃饭的瓷碗打碎了，儿媳破口大骂："老不死的，以后给你一个木盆吃饭算了。"过了几天，夫妇俩发现儿子米沙拿着斧头像在做什么东西，爸爸问："米沙，我的宝贝，你在做什么？"米沙一本正经地回答："亲爱的爸爸，我在做木盆，等到你和妈妈老了用它吃饭，免得打碎碗。"

这时，这对夫妇猛然醒悟，感到十分惭愧，把自己的父亲请回来，并拿出家里最好吃的给老人吃。

故事的道理很明白，父母是榜样，孩子耳濡目染，自然会学习父母、效仿父母。

2．要从小事做起

让孩子多体验，如让孩子关心父母健康，参与家务劳动，父母生病时让孩子照顾，端水送药等。

经常让孩子做一些力所能及的事情是很必要的，因为只有在他们有了切身体验之后，他们才能领会父母照顾他们的辛苦，从而知道体谅父母，尽自己的力量帮父母做事，为父母分忧解愁。父母要使孩子懂得：在家庭中，他不仅有享受父母爱抚的权利，同时也有自己应尽的义务。比如，听从父母对于饮食起居、生活制度和用品购买的合理安排，乐于接受父母的正确要求，并参加一些力所能及的劳动等。在这种和睦的家庭气氛中，孩子自然会尊敬父母。

在独生子女家庭中，孩子在物质和精神方面都最大限度地享受爱。如果这种爱仅仅是父母向儿女的单向倾斜，而不能实现爱的双向交流，那么这种爱就是畸形的溺爱，甚至还没有脱离动物的本能。只有把大家给予孩子的爱转化为孩子对大家的爱，才是

理性的爱，才是爱的升华。

3．父母应树立自己的威信

有威信的父母才能获得孩子的尊敬。父母的威信，严厉打骂“打”不来，单纯疼爱“疼”不来，用钱买它“买”不来，反复说教“说”不来。只有在自己模范行为的影响下，在对孩子的帮助中，父母的威信才能真正树立起来。

父母的威信来自他们的事业。当孩子闪动着好奇的眼睛开始观察周围世界的时候，父母就应该告诉孩子自己的工作。比如，爸爸是一位建筑工人，他就可以指着新建的大楼告诉孩子：“这是爸爸亲手建成的，会有许许多多的人高高兴兴地搬进去住。”

让孩子觉得自己的父母很能干，这种自豪感可以使孩子从心底里尊敬、佩服父母。

讲给孩子的故事

乌鸦反哺

乌鸦是一种通体潦黑、面貌丑陋的小鸟，因为人们觉得它不吉利而普遍嫌恶它。然而它却拥有一种真正的值得人类学习的美德——养老、爱老。正是这个原因，古书上又称乌鸦为慈乌。

乌鸦妈妈生育了小乌鸦之后，每天早出晚归，辛苦地觅食喂养自己的孩子们。小乌鸦长大以后，乌鸦妈妈老得飞不动了，不能自己找食物了，小乌鸦就会反过来找食物喂养它们的妈妈，回报母亲的养育之恩。

小乌鸦找回食物后，乌鸦妈妈就仰着头、张着嘴，由小乌

鸦一口一口地喂食，就像乌鸦妈妈以前给小乌鸦喂食一样。小乌鸦从不感到厌烦，一直到乌鸦妈妈临终，再也吃不下东西为止。因为懂事的小乌鸦知道，要是自己不给妈妈吃东西，妈妈就会饿死。

告诉孩子

在动物界像乌鸦这样有孝心、懂得感恩的还有小羊羔。它们吃奶的时候总是跪在妈妈面前，这就是“羊羔跪乳”的故事。小动物都知道感谢妈妈，孝敬老人，我们更应该孝敬自己的父母。

8

让孩子亲亲犯错误的老师

做人处事箴言

做父母的，既可以将自己的孩子培养成胸怀广阔的人，同样也可以将孩子培养成心胸狭窄的人。在价值观日趋多元化的今天，培养孩子学会宽容，以宽广的心胸、豁达的心态笑对人生的风风雨雨，比以往任何时候都显得重要。

幼儿园新来的老师带着小朋友去学校体育馆玩。由于孩子特别多，老师一时疏忽，将一个小孩落在了网球场。

老师发现人数不对时，就赶快跑回去找那个孩子。那个孩子一个人在网球场，因受到惊吓而哭得十分伤心。

不久，小孩的妈妈来了，看到了自己哭得可怜兮兮的孩子。

当时老师特别害怕，生怕这个妈妈会痛骂她一顿，然后直接向幼儿园领导提出抗议，最后很生气地将小孩带走，转到别的幼儿园。出乎意料的是，这个妈妈并没有这样做！

她蹲下来，安慰自己的小孩，并且很理性地告诉他：“已经没事了，老师因为找不到你而非常紧张，并且十分难过，她

不是故意的。现在你必须亲一亲老师的脸蛋，安慰她一下。”

当时那个小孩踮起脚尖，亲了亲蹲在他边上的老师，并且说：“老师，不要害怕，我已经没事了。”

延伸阅读

教孩子学会宽容

宽容是一种非常美好的性格，它主要表现为对别人过错的原谅。这种性格对于孩子个性的健康发展，尤其是情感的健康发展，以及孩子良好人际关系的建立，都有着非常重要的意义。富有宽容心的孩子往往心地善良，性情温和，惹人喜爱，受人拥护；缺乏宽容心的人往往性情怪诞，易走极端，不易为人亲近，因而人际关系往往不好。

现在的孩子大多数都是独生子女，有些父母时常对自己的孩子灌输“不能吃一点亏”的思想。他们在送孩子上幼儿园前，叮嘱孩子最多的是，不能被人欺侮，谁打你一下，你一定还他一下。有的家长见自己的孩子“吃了亏”，甚至全然不顾当叔叔阿姨的尊严和良知，竟对“肇事”的孩子动手，以大欺小贻笑大方。

父母是孩子的第一任老师，爱孩子就要为孩子的长远打算。家长的这种行为不仅会导致孩子不能处理好同学之间的关系，而且还会影响到孩子将来人际关系的处理，甚至会影响到孩子日后的夫妻关系。因此，教会孩子学会宽容，不光是为了孩子的今天，更是为了孩子将来的幸福。

别人做了对不起自己或有损于自己的事情，不要耿耿于怀，不要过分计较在意，能够笑一笑过去，就笑一笑过去。宽容是一种美德，是一种做人的风度和境界。宽容能使人性情和蔼，能使心灵有回旋的余地，能消除许多无谓的矛盾。宽容的人，时时处处都会受到人们的拥戴，因此他们能够处理好各种人际关系，能够很快地适应各种不同的环境，能够融洽地与人合作，充分实现自己的价值。

做父母的，既可以将自己的孩子培养成胸怀广阔的人，同样也可以将孩子培养成心胸狭窄的人。但为了孩子的幸福，为了孩子将来能有所作为，我们应当教孩子学会宽容。现在有很多父母都把自己的孩子教育成了尖刻、自私、倔强、以自我为中心的化身。作为父母，我们应当从哪些方面入手培养孩子宽容的性格呢？

1．为孩子树立宽容的榜样

孩子最初是从父母那里学习待人接物的方式的。孩子宽容之心最主要的来源就是父母。父母宽容、大度、遇事不斤斤计较，与邻里、同事之间融洽相处，孩子就会学着父母的样子处理同学之间的关系，也会变得宽容、好善、乐于与人相处。

伟大的教育家马卡连柯曾指出，父母“在开始教育自己的子女之前，首先应当检点自身行为”。让孩子学会宽容，父母自己首先应有宽容的品质。如父母本人心胸狭窄，无视他人意见，习惯于将自己的意志强加于人，不给人改错的机会，为一点小事争执不休，为一点小利斤斤计较，孩子又怎么能学会宽容呢？孩子是父母的影子，父母有一颗宽容之心，宽容的品质才会再现在孩子身上。

2．告诉孩子人人都有缺点

金无足赤，人无完人，有缺点和不足乃是人性的必然。和同学交往，和朋友相处，只要对方的缺点不是品质方面的，不是反社会的，就完全没有必要求全责备。多原谅一次人，多给人一次宽容和理解，也就为自己多找了一份好心境。

当然，宽容不是怕人，不是懦弱，不是盲从，不是人云亦云，这一点是必须向孩子讲清楚的。必须让孩子知道宽容是明辨是非之后，对同学、朋友的谦让，而不是对坏人坏事的妥协。对坏人和得寸进尺的人是没有必要宽容的。

3. 让孩子多与人交往

宽容之心是在交往活动中培养起来的。孩子只有与人交往，才会发现每个人都有这样那样的缺点，都要犯或大或小的错误。而只有学会容忍别人的缺点和错误，才能与人正常交往友好相处。也只有通过交往，孩子才能体会到宽容的意义，体验到宽容带来的快乐。

但宽容不是无端的退让，不是怯懦的容忍，不是无原则的和稀泥。宽容是一种良好的心态，是一种处世的境界，是饱含自信的微笑，是面对他人的从容。

4. 教育孩子正确看待名利

孩子有上进心，也有虚荣心。父母要保护并充分利用孩子的上进心，促使其保持旺盛的学习热情，在积极参与班集体活动中不断提高综合素质。当然，父母同时也要防止孩子过分看重外在的荣誉。

宽容与虚荣是一对矛盾。虚荣心多了，必然导致心态不平衡。与人争不必要的虚名，时时争，处处拼，最后不一定是好事。家长如何教育孩子正确看待名誉，正确看待金钱，确实是培养孩子宽容心态的一个重要方面。

此外，父母也可以带孩子游历祖国的大好河山，让浩瀚的海洋、奔腾的河流、秀丽的湖光山色陶冶孩子的心灵，开阔孩子的视野和胸襟。也可以通过给孩子讲故事的方式，让孩子知道别人是怎样做到宽容的。

讲给孩子的故事

宽容的长老

一位长老发现寺院的高墙边有一把座椅，他一看便知是有人借此越墙到寺外去了。长老不声张，只是走过去移开了椅子，凭感觉在那儿等候。

夜深人静的时候，外出的小和尚爬上墙，然后跳到“椅子”上。他觉得“椅子”不似先前硬，软软的甚至有点弹性。落地后小和尚定睛一看，原来他是踩在长老的背上下来的。

小和尚顿时惊慌失措，张口结舌，但出乎小和尚意料的是，师傅并没有厉声责备他，只是以平静的语调说：“夜深天凉，快去多穿一件衣服吧！”

告诉孩子

我们不要为某件小事斤斤计较，得理不饶人，也不要因为别人做了对你不敬的事情而怀恨在心。当然，宽容并不是一味地纵容。如果别人的行为已经触犯了相关法规，已经损害到我们的合法权益，那么采取适当的措施维护正义和自己的尊严是正当的。

9

让孩子学会请对方原谅

做人处事箴言

在人际交往中，如果一个人对别人不真诚，那么他同样得不到别人的真诚。只有真诚地对待别人，别人才会真诚地对待你，这是人际交往的一条黄金法则。孩子也只有遵守这条黄金法则，才能建立起良好的人际关系。

飞飞弄坏了邻居小朋友的玩具，只随便说一声“对不起”就走开了，似乎做错事情只要说声对不起就可以了事，别人就不去追问自己了，没什么大不了。可是小朋友内心的委屈和不满一时却难以平复，于是去找飞飞妈告状。

飞飞妈觉得，一定得让孩子知道，做错了事不是“对不起”三个字就能解决问题的，必须用真诚求得对方的谅解。于是，告诉飞飞：“你把小朋友的玩具弄坏了，小朋友是很伤心的。所以你道歉一定要真诚，去抱抱小朋友，问问他能不能原谅你。”

飞飞抵着头，拉住小朋友的手说：“你能原谅我吗？这次我很真诚的。”

妈妈又让飞飞向小朋友保证以后不再这样了。

小朋友也有点不好意思了，对飞飞说：“我不生气了，我们去玩吧！”

延伸阅读

让孩子学会真诚待人

对一个人来说，人品是最重要的。人品又分好多，其中最重要的就是真诚。我们都知道，真诚，原是形容人对人的一种严谨的态度。现在的父母也都很注重培养孩子真诚待人的品格。那么到底什么是真诚，做父母的又该怎样教孩子真诚待人呢？

真诚就是真实诚恳，不虚伪，不说谎，表里如一。父母应该让孩子知道，做人就要做真诚的人。真诚的人能让别人信任，真诚的人能得到别人尊重，真诚的人内心坦荡。人与人之间要坦诚相待，相互信任，不要相互欺骗。

真诚地对待别人，可以与别人架起心灵之桥，通过这座桥，可以打开对方心灵的大门，并在此基础上成为好朋友。真诚地对待别人，要坦荡无私，光明正大，一旦发现对方有缺点和错误，特别是对他的前途关系密切的缺点和错误，要及时地指正，督促他立即改正。虽然人人都不喜欢被批评，但当一个人认识到对方确实是为自己着想时，往往就可以理解接受了。这样一来，彼此的心灵得以沟通，友情也会得到发展。

真诚并不是一种自欺的装假，自以为真诚是不够的。很多人外貌真诚，在暗中却计算着如何去利用别人，这样的真诚是假的。真诚不是智慧，但是它常常反射出比智慧更加诱人的光泽。

有个叫程成的孩子，算术学得非常好。一天，程成的家庭教师想在程成的妈妈面前显示一下自己的教学成绩，就指着桌子上的苹果对程成说：“瞧！这里有六个苹果，我们三个人平分，每人几个？”程成说：“我得四个，你得两个，妈妈没有。”家庭教师涨红了脸对他说道：“是不是算错了？应该用除法。”程成不慌不忙地说：“一点也不错！妈妈很疼爱我，一定会把她的苹果都给我。” 程成和家庭教师谁真诚？家庭教师想显示一下自己，结果却弄巧成拙。

以真诚待人，并不是为了要别人以真诚回报。就如《阿甘正传》里的主人公阿甘一样。如果动机是以自己的真诚换回别人的真诚，这本身已经不够真诚。真诚是晶莹剔透的，它不应该含有任何的杂质。

真诚待人往往会表现出满满的爱心。不过，就本性来说，有的人喜欢欺负比自己软弱的人，喜欢和比自己高贵的人在一起，喜欢在物质方面占别人的便宜。这种所谓的真诚非但不能显示出真诚，反而显得很虚伪。这样的虚伪换回的也绝对不是真诚，即使是真诚，那也是短暂的。

在交往中，真诚待人很重要。所以，父母应该提醒孩子注意以下两点：

一是真诚地对待别人，要真正地了解真诚的本质，那是不造作、不虚假、没有欺骗也没有心术的一种情感，只有这种情感才能真正地感动对方，让对方接受你，认同你。

二是真诚地对待别人，应当先看看站在面前的是什么人，不应该对不可信赖的人敞开心扉，否则，往往会适得其反。

此外，当孩子出现有损朋友的行为，或者欺骗、利用朋友的不良行为时，父母要及时提醒孩子，帮助孩子改正，并要求

孩子及时向朋友表达歉意。

真诚待人是一种传统美德，需要我们每一个人去守候。教孩子成为一个真诚的人，一个真诚待人的人，他们会身心轻松地生活，并会有一个好的人际关系。

讲给孩子的故事

狐狸和仙鹤交朋友

狐狸想和仙鹤交朋友。

有一天中午，狐狸请仙鹤吃饭，可是它却很吝啬，端出一只平底的小盘子，盘子里盛了一点儿肉汤，它还连声说："仙鹤大姐，别客气，请吃吧，吃吧！"

仙鹤一看，非常生气，因为它的嘴巴又尖又长，盘子里的肉汤一点也喝不到。可狐狸呢，张开它那又阔又大的嘴巴，没几下就把汤喝光了，还假惺惺地问仙鹤："您吃饱了吧！我烧的汤，不知合不合您口味？"

仙鹤对狐狸笑笑："谢谢您的午餐，明天中午请到我家吃饭吧！"

狐狸正等着这句话呢，连忙说："好的，明天中午我一定去，一定去。"

狐狸一心想在仙鹤家多吃点儿，这天晚饭没吃，第二天早饭也没吃，饿着肚皮，早早来到仙鹤家等着吃午饭。

狐狸一进仙鹤家的门就闻到一股香味儿。它仔细嗅了嗅："嗯，准是在烧鲜鱼！"心里不由得暗暗高兴。

狐狸坐到饭桌前，不一会儿，仙鹤端出一个长颈瓶放到狐狸面前，指着瓶子里的鱼和鲜汤说：“狐狸先生，请吃吧，别客气！”

狐狸望着那么一点大的瓶口，它那阔嘴巴怎么也伸不进去。闻着香味，肚子饿得咕咕叫，馋得直流口水。狐狸什么也吃不到，只能看着仙鹤把又尖又长的嘴巴伸进瓶子里，把鱼吃了，把汤喝光了。仙鹤还挺客气地劝狐狸：“吃吧，放开吃吧！”

最后，狐狸耷拉着脑袋，饿着肚皮回家了。

告诉孩子

想要别人对自己真诚，首先自己得对别人真诚。虚情假意的人永远也交不到真诚的朋友。

10

让孩子知道失信的后果

做人处事箴言

孩子是否守信在很大程度上取决于父母的教育。如果孩子经常出现不守信用的行为，父母千万不能草率地对孩子的这种行为进行严厉地批评，而应该多从自身和孩子认识发展的规律上找原因。如果父母注意从小就对孩子进行诚信教育，孩子养成守信的习惯是不难的。

一天傍晚，佳佳和好朋友约好晚上七点到自己家里来一起玩儿。回到家，佳佳很是兴奋，把所有的好东西都拿出来，想与朋友共同分享。佳佳一吃完饭就一蹦一跳地跑进房间里，一边看书，一边等。佳佳怀着愉快的心情从六点钟一直等着，等着。当时针指到七时，朋友连个人影也瞧不见。佳佳着急了，生怕她不来了，可转念一想：或许她遇到什么事了吧！再等等。于是，佳佳又耐着性子继续等。一直等到八点，可还是不见她的踪影。这时，妈妈回来了，见佳佳一晚上什么事也没干，就狠狠地批评了她一顿……

佳佳觉得很委屈，就找爸爸诉苦。爸爸笑着说："你能很

守信地等朋友来，很好，妈妈可能一时着急错怪你了。今晚的事有没有给你什么启发？”

“守信用很重要。不守信用可能会给别人带来很大的麻烦……”

延伸阅读

教孩子养成守信的习惯

本杰明·鲁迪亚德曾经说过：“没有谁必须要成为富人或成为伟人，也没有谁必须要成为一个聪明的人，但是，每一个人必须要做一个守信用的人。”

守信是人性一切优点的基础，这种品质比其他任何品质更能赢得尊重和尊敬，更能取信于人。守信是立身之本，是一个人最宝贵的财产，它能让人保持正直，挺直脊梁、光明磊落地做人，还能给人以力量和耐力。

每个父母都希望自己的孩子养成守信的习惯，孩子是否诚信在很大程度上也取决于父母的教育。对于孩子经常出现言行不一、不履行诺言的行为，父母应该多从儿童的认识发展上来找原因。不要把孩子的这种行为看成是道德败坏而打骂孩子。如果父母注意对孩子从小就进行诚信教育，孩子是可以养成守信的习惯的。

“人无信不立”。教育孩子要守信，父母自己首先要守信。以自身的行动给孩子树立榜样，其道理是不言自明的。

在日常生活中，父母对待孩子一定要守信，不要说话不算话。有位母亲经常警告孩子，如果再撒谎，就用针把他的嘴缝

起来。孩子撒谎后这位母亲真的会缝上他的嘴吗？显然不会，这位妈妈对孩子说的话本身就是不现实的，用这种方式来教导孩子不要撒谎也是非常不可取的。

要纠正孩子不守信用的毛病，父母首先要做到言行一致。孩子的模仿能力很强，很容易受到某种行为的暗示。如果父母言行不一，不履行承诺，孩子就会受到暗示，跟着模仿。例如，父母如果答应了孩子星期天带他到公园去玩，就一定要去。如果临时有事，也要先考虑事情重不重要，若不重要，就要坚守诺言；如果事情确实比较重要，一定要向孩子说明情况，并争取以后补上去公园的活动。而且，应该尽量避免这种推迟或失约的事情发生，这样才能取信于孩子。

在日常生活中，许多父母为了诱导孩子做某件事，总是轻易地许诺孩子某些条件，但是事后却没有兑现。孩子的希望落空后，就会发现父母在欺骗自己，他就会从父母身上得到一些经验，那就是不守信的许诺是允许的，大人的言行也经常不一致的，说谎是允许的，等等。一旦这些经验转化为孩子说谎的行为时，父母恐怕要后悔莫及了。

父母教育孩子守信，不妨借助实例，以故事的形式讲给孩子听。让孩子明白，守信对一个人来说是非常重要的，不守信会带来什么恶果，守信会有什么收获。

在美国华盛顿州塔科马市，10 岁的汉森在家门口的空地上与小朋友玩棒球时，一不小心，将球掷到了邻居的汽车上，车窗玻璃被打坏了。

见闯了祸，其他小朋友都吓得逃回了家。汉森呆呆地站立了一会儿，决定亲自登门承认错误。刚搬来的邻居原谅了汉森，但还是将这件事告诉了汉森的父母。当晚，汉森向父亲表示，他愿意用替人送报纸储蓄起来的钱赔偿邻居的损失。

第二天，汉森在父亲的陪同下，又一次去敲邻居家的门，表示自己愿意赔偿。邻居听了汉森的话，笑着说："好吧，你如此守信，又愿意承担责任，我不但不要你赔偿，还乐意将这辆汽车送给你作为奖赏，反正这辆汽车我也打算弃掉了。"

由于汉森年纪还小，不能开车，所以这辆汽车暂时由他父亲保管着。不过，汉森已经请人修理好了车窗，经常给车子洗尘打蜡，就像是宝贝一样。他经常倚在那辆1978年出厂的福特"野马"名车旁边说："我恨不得快快长大，好驾驶这辆汽车。我至今仍然不敢相信它是我的。"汉森还说："经过这个事件，我更懂得诚信是可贵的。我以后都会诚信待人。"

由此可见，守信自有它的报偿。孩子能信守承诺，他自然会收获信赖。相反，如果孩子付出的是虚伪，那么总有一天他也会受到别人的欺骗。

很多时候，孩子不守信是因为其合理的精神需要、物质需要没有得到满足。如果父母对这种合理需要过分抑制，孩子必然会寻求满足需要的办法，不得以就会以某种不诚信的行为来满足自己的需要。因此，父母应该认真分析孩子的需要，尽量满足其合理的部分。

要分析孩子的需要，父母应该认真倾听孩子的心里话，而不应以成人的想法推测孩子的心理。当孩子向父母讲述了他的需要以后，父母应该跟孩子一起分析哪些是合理的，哪些是不合理的；哪些是现在可以满足的，哪些是将来才能满足的。然后及时满足孩子合理的需要，对不必当时就满足的需要可以留到以后慢慢满足；对于不合理的需要，则要跟孩子讲明道理。如果父母不善于判断孩子的需要是否合理，可以请教老师或其他的父母，也可以阅读相关的书籍，避免盲目行动，给孩子"可乘之机"。

如果孩子出现了言行不一致的行为，父母一定要及时指出

来，严肃地向孩子讲明道理，并督促孩子认真履行自己的承诺。同时，父母还可以讲讲信义在人际交往中的作用，让孩子懂得履行自己的诺言是多么重要。千万不要觉得孩子还小，或者觉得事情无关紧要就放纵他们的缺点，这样，孩子会不断强化不良的行为，从而形成不良的品格，进而影响他以后的人生。

讲给孩子的故事

不守信用的狮王

很久以前，在印度的荒野里，一只狮子王正跟大象斗得不可开交。

狮王好不容易才把大象杀死，休息了片刻，开始吃它的肉。不料，大象的一根骨头突然卡住狮王的咽喉，它立刻呼吸困难，晕死了过去。好一会儿功夫，狮王才苏醒过来。它无力地抬起头四处张望，见树上有一只麻雀正在捉虫充饥。

狮王开口向麻雀求救："小麻雀，请你把我喉咙里卡着的骨头取出来吧！我以后找到食物一定会与你分享。"

麻雀听到狮王的许诺，非常高兴，迅速从树上飞下来，跳进狮王嘴里。它使出全身力气，终于啄出了骨头，救了狮王。

过了几天，狮王追击一群野兽，收获颇丰。麻雀得知狮王有了食物，匆匆飞来，找狮王要些食物充饥。不料，狮王好像把以前的约定和救命之恩全忘记了。它责备麻雀说："我是狮王，什么动物都能捕杀来吃，这是司空见惯的事。你这个小麻雀也太傲慢了，以为进我的嘴里，救我一命，就要我来感激你？"

麻雀反唇相讥："我虽然是只小鸟，但也不一定被你杀死。如果你不忘恩情，重视前约，多少也给我些食物的话，我也不会恨你，也不说你的坏话。"

然而，狮王始终不分给麻雀一块肉，只顾自己饱食，然后大摇大摆地离去。

麻雀心想："我救过它一命，反而受到它的轻蔑和嘲笑。如果不出这口怨气，我死不罢休。"

麻雀下定决心，常常跟随在狮王的后面飞。

有一次，狮王又去袭击野兽来吃，吃饱后，就在树荫下舒服地睡着了。一直在树上等候机会的麻雀，扑到狮王额上，用全身之力啄去了它的一个眼珠。

狮王惊醒之后，奋然起立，周围什么也没有，只听到一只麻雀在树上叫。

狮王向麻雀怒吼起来："混蛋！你怎敢啄坏我的眼睛？"

麻雀在树上叫道："你不报答救命之恩，反而一直仇视我。为出这口恶气，我啄瞎你一只眼睛。你自视为森林之王，却一点也不懂得知恩图报，我不会跟你再打交道了！"

麻雀说完就拍着翅膀飞走了。

告诉孩子

守信的人可能会一时吃点小亏，但最终却会因为这种品质而大大受益；一个言而无信的人，终究是要栽跟头的。

11

让孩子知道说谎的害处

做人处事箴言

在人生的追求中，最聪明的人是最诚实的。因为假的终究是假的，经不起真实的考验。父母若想让孩子将来有一个理想的人生，就应该教导孩子：靠假的手段可能会一时奏效，但远不如诚实更有效。

小时候，有一次贝贝胃不舒服，妈妈知道了，给她买了好吃又好消化的蛋糕和巧克力；以后几次贝贝胃不舒服妈妈也给她买了这些好吃的东西。贝贝很喜欢吃这些东西，而平常爸爸妈妈又不会给她买。于是，当她想吃蛋糕、巧克力时，即使胃没有不舒服，她也会说胃疼、胃难受等。

一次，爸爸妈妈忙活了半天终于发现贝贝在说谎。于是，妈妈说："宝贝，医生说以后你胃不舒服，不能给你吃蛋糕和巧克力了。"

"为什么？吃了蛋糕和巧克力我的病很快就会好了。"

"因为在得胃病的时候吃蛋糕和巧克力，小孩子容易得说谎

的毛病。你自己想想是不是？妈妈不能给小贝贝治好了胃病，却让她染上说谎的毛病，对吧？”妈妈看看贝贝，孩子已经感到不好意思了。

“什么时候想吃蛋糕告诉爸爸就行了，不一定非得是在胃不舒服的时候才可以吃啊！”爸爸及时补充说。

“再说，你得病的时候爸爸妈妈都很着急，说不定会忘了给你买蛋糕。平常想吃的时候，就说出来，妈妈一直都很喜欢诚实的孩子的。”

“对不起，我知道错了，但我就是喜欢吃蛋糕……”

延伸阅读

让孩子学会诚实

“要诚实，不说谎”，可以说是每个父母对孩子最基本的要求，也是做一个好孩子最基本的条件。然而几乎所有的孩子都在这样或那样的场合讲过假话，但是他们说谎的原因并不完全相同。因此，我们在如何看待孩子说谎时，首先得弄清楚说谎话的起因。

低龄的幼儿由于头脑中产生了极其逼真的想象而说了“谎话”，其原因在于他们不能正确区分幻想和真实。比如为了吸引别人的注意，孩子会自己去“创造”事实，告诉别人说他吃了一百个冰淇淋。家长没必要强行干涉和制止，必要时可对孩子夸张性的说法给予有趣的回答。

年岁稍大的孩子说谎，常常出于自卫心理，因为担惊受怕而说谎的现象较为普遍，这往往是由于家长对孩子因一时疏忽所犯下的错误反应过于严厉所造成的。如果家长因此对孩子打骂、惩罚，常会适得其反地惹出更大的麻烦。

美国著名儿童心理学家基·诺特分析儿童说谎的原因说："说谎是儿童因为害怕说实话会挨骂，而寻求的一个避难所。"这话是很有道理的。

孩子一方面被教导"不要说谎"，另一方面却又有会因说实话而受责备。这种矛盾是造成孩子为自卫而说谎的主要原因。所以，我们也可以说，在通常情况下，是大人给孩子造成了不得不说谎的形势。因而，杜绝孩子说谎的最佳对策是不追究，让孩子消除说实话的顾虑，而自觉地不去说谎。

孩子在玩耍时，无意中弄坏了东西，或闯了祸怕挨大人的骂，常想把错误掩饰起来。孩子无意中折断了花盆里的花，为了怕大人发现，他们通常会把折断的花扔掉。打翻了墨水他们会把墨水瓶藏起来，再把洒了墨水的地方用报纸或别的东西盖起来。当父母发现了问他们时："是不是你把花盆里的花折断了？"或者："墨水瓶是不是你打翻的？"孩子联想到挨骂，就会说谎："我没有。"或者："不是我打翻的！"或者："我不知道。"

当然，孩子的这些谎言是很容易被父母识破的。"不是你折断的，家里还能有谁呢？""墨水不是你打翻的，家里还能有谁打翻，还把报纸盖上呢？"

孩子不敢公开承认而说谎使大人苦恼、痛恨。因为任何一个做父母的都知道说谎是最不好的习惯，是最坏的习惯，甚至是道德所不容的。小事说谎，虽不值得追究，但可怕的是一旦放过怕孩子会养成说谎的恶习。所以父母总是教导孩子从小就不要说谎，遇到孩子说谎也会非常气愤，总想好好地教训他一下，于是就狠狠地责备，骂几句，想使孩子有个惧怕，以后不敢再说谎。而事实却正好相反，父母责骂得越厉害，孩子害怕被惩罚，闯了祸或做了什么错事，就会继续说谎。

因此，父母如果发现孩子第一次说谎，千万不要大惊小怪、惊慌失措，并在孩子面前唠唠叨叨地说个不停，或是在许多人面前出他的洋相：“他现在是个坏孩子了，学会说谎了，大家都不喜欢他了。”甚至痛打一顿。这种简单粗暴的方法不仅不能使孩子接受教育，相反会使孩子因惧怕惩罚而继续编造谎言，或是产生“横竖如此”的对立情绪。

正确的态度是既要抓住不放，又要谨慎对待，先了解情况，在摸清情况的基础上，坚持耐心说服教育，帮他分析说谎的害处，并使他懂得做错了事要勇敢地承认，改正了还是个好孩子。也可以视其具体情况采取“冷处理”的办法，即让孩子经过长时间的思考与自我道德评价后，自己承认错误。这种办法能使孩子从内心深处认识到撒谎不是好孩子，诚实才是美德。

有些父母碰到孩子说谎时，容易冲动，采取惩戒的方法纠正孩子说谎的缺点，这样做是不能奏效的，因为孩子容易抵触施加惩戒的人。但是，如果你的惩戒出于爱心，又执行得合理、巧妙，孩子也会心悦诚服。我们可以创造一些有效的措施，如朗诵一个讲诚实的故事，抄写一段论诚实的名人名言，写一篇讨论诚实问题的日记或文章，取消一次外出游玩的安排等。

有些父母教孩子要诚实，只是空泛地说些“好孩子是不说谎的”之类的话，甚至不自觉地从功利主义出发，点拨或吓唬孩子：“说谎会使自己吃亏”，而不是把诚实作为一种美德去唤醒孩子的道德良知，这样的教育方式是不会取得好结果的。

教育孩子诚实，光讲道理不行，要有行为规范的具体要求，父母要针对孩子的实际情况，提出“几要几不要”的具体要求，比如：不拿人家的东西，不讲假话，不编瞎话，不说大话，不谎报成绩，等等。

此外，父母要相信孩子，不要以监工的身份出现。本来要求孩子吃完饭在房间里学习半小时，结果却每隔五分钟进去看一下孩子是否在偷懒；本来要求孩子去买件东西，也总担心孩子把多余的钱买零食吃。这样往往导致孩子用撒谎来对抗，而父母们却认为自己的怀疑是有根据的，这就更加滋长了孩子的不诚信。

有时会出现父母不自觉地对孩子许下承诺，却没有及时兑现的情况。这时，父母一定要放下架子，以平等的身份向孩子承认错误，以求赢得孩子的信任。

妈妈曾经给森森讲过一个撒谎后鼻子会变长的故事，森森对此深信不疑。

有一天，森森在学校里又听到了这个故事，于是回家跟妈妈说：“妈妈，以后我不会撒谎的，撒谎的人鼻子会变长的。你们也不要撒谎啊，要不也会长出长鼻子的。”这时，妈妈觉得有必要给森森讲讲关于故事情节真实性的问题。

妈妈对森森说：“孩子，其实这只是一个童话故事。在现在生活中，一个人说谎是不会长出长鼻子的，只会受到良心的谴责。”

森森有点迷惑了：“那我们是不是就可以说谎了？”

“当然不是，”妈妈回答，“一个人应该说实话，他说了谎话就会失去朋友，这比长长鼻子还要可怕。”

年幼的森森这才真正明白，童话故事是虚构的，但它并不是不诚实的表现，而是以另一种方式劝人要讲真话。

讲给孩子的故事

捧着空花盆的孩子

从前有一位贤明且受人爱戴的国王，把国家治理得井井有条，人民安居乐业。国王的年事已高，但膝下无儿无女，这让国王很伤心。终于他决定，在全国范围内挑选一个孩子收为义子，培养成自己的接班人。

国王给前来竞选的孩子们每个人一些花种子，宣布谁能用这些种子培育出最美丽的花朵，谁将来就能成为他的义子，继承王位。

孩子们领回种子后，开始了精心的培育，从早到晚，浇水、施肥、松土，谁都希望自己能够成为幸运者。

有个小男孩也整天精心地培育花种。但是，十天过去了，半个月过去了，一个月过去了，花盆里的种子却依然静悄悄的，连芽都没有冒出来，更别说开花了。

苦恼的孩子去请教母亲，母亲建议他把土换一换，但是依然无效，母子俩束手无策。

国王预定的观花的日子到了。无数个穿着漂亮衣裳的孩子们涌上街头，他们各自捧着鲜花盛开的花盆，用期盼的目光看着缓缓巡视的国王。国王环视着争奇斗艳的花朵与精神漂亮的孩子们，并没有像大家想象中的那样高兴。

忽然，国王看见了一个端着空花盆的孩子，他无精打采地站在那里，眼角还有泪花。国王把他叫到眼前，问他：“你为

什么端着空花盆呢？”

孩子抽噎着，把他自己如何精心摆弄，但花种怎么也不发芽的经过说了一遍，还说，他想这是报应，因为他曾经在别人的花园中偷吃过一个苹果。没想到国王的脸上却露出了开心的笑容，他抱起这个孩子，高声说：“孩子，我找的就是你！”

“为什么是这样？”大家不解地问国王。

国王说：“我发下的花种全部都是煮过的，根本就不可能发芽开花。

捧着鲜花的孩子们都低下了头，因为他们全都播下了别的花种子。

告诉孩子

诚实的人可能会吃点眼前小亏，但最终会收获很多；自以为聪明并常拿谎话来骗人的人，最终只会失去更多。

12

让孩子因不懂倾听而吃点“苦头”

做人处事箴言

孩子的特点是好动、表现欲强，绝大部分孩子都喜欢别人听自己说，而没有耐心去听别人说。他们往往会趁别人说话的时候去干别的事情，因为他们认为别人说话不关他的事。但父母一定要明白，倾听其实是孩子感知和理解语言的行为表现。

“丁丁，去把手洗干净，要吃饭了。”这已经是妈妈第三次叫他了，可是5岁的丁丁就像没听见一样，依然在若无其事地玩玩具。妈妈走过去拍了拍他的肩膀：“你没听见我在叫你吗？”“你不是才叫了三次嘛！”丁丁好像还很无辜。

在游乐场、幼儿园，这种情形经常出现，妈妈疑惑万分，心想：“孩子这是怎么了？为什么会对我的话充耳不闻呢？”妈妈觉得孩子这种漠视父母指令的行为非常恶劣，如果听之任之，纵容孩子继续这种行为，孩子很可能会变得目中无人。

于是，妈妈严肃地告诉丁丁：“以后，无论做什么事，妈

妈都只说一遍。如果你充耳不闻，落下了什么事情没做，可不要怪妈妈没提醒你。”

一个星期六，妈妈大声叫丁丁洗澡，丁丁没答应。妈妈又以同样的声调问：“丁丁，明天去游乐场，你去不去？不说话就是不去，那妈妈就和爸爸一起去了。”丁丁依然没答应。

第二天，妈妈就把丁丁送到姥姥家，告诉他今天不能和爸妈一起去游乐场玩了。丁丁哭闹，妈妈也没有让步。

就这样，丁丁损失了一个外出游玩的机会。此后，丁丁再也不用妈妈重复提醒他做事了。

延伸阅读

教孩子学会倾听

善于倾听别人谈话的人，能从别人的谈话中发掘对自己有利的信息，并能为己所用。他们靠倾听别人的谈话，学习为人处事的技巧，学习生活方面的某些细节……从而使自己在倾听中学习，在学习中不断地成长。

在人际交往中，倾听是关心他人的一种表现，是一种无私的行动。而且，用心倾听别人谈话，还能使人学会很多东西。这对于家庭、事业乃至整个社会，都是不可缺少的。一个人只要注意倾听，就能够摆脱孤立片面的境地，进入友爱的人际圈。

倾听能力在现实生活中运用非常广泛，大到听报告，欣赏音乐，小到一句话及每个字的听和用等，日常生活中时时处处需倾听。倾听能力的强弱直接影响孩子知识技能的接受和掌握。那么，怎样让孩子学会倾听呢？下面介绍几种方法供大家参考：

1．培养孩子良好的倾听习惯

良好的倾听习惯是发展孩子倾听能力的前提和基本条件。由于孩子在家庭中的特殊地位，孩子的表达能力增强了许多，可是有些习惯却不好，如：大人说话时常插嘴，不能认真仔细地听，等等。要发展孩子的倾听能力，必须培养孩子良好的倾听礼貌和习惯，这是提高孩子听懂语言的重要保证。应让孩子懂得在听故事、听别人讲话时，要尊重他人，可以自然地坐着或站着，眼睛看着说话的人，并且不随便插嘴，安静地听他人把话说完。这是一种倾听礼貌。

2．让孩子按指令行事

好动是孩子的天性之一，也是身心发展的一个阶段，为此，可以用按指令行事的方法来发展孩子的倾听能力。如：要求孩子听指令做相应动作；在日常生活中交给一些任务，让孩子完成，以锻炼孩子对语言的理解能力；结合培养注意力，让孩子根据某种音乐或节奏等，一边看着大人的手势，来完成某些动作或相应的行为；等等。

3．对孩子进行听辨练习

要提高孩子倾听的水平，从根本上说，就必须要提高孩子的听辨理解力。也许有些父母认为：只要耳不聋，那个孩子不会听？这其实是一种肤浅的认识。要知道，“能听”绝不等于“善听”，这就好比一个人可以从地面上双脚起跳，并不等于他就是跳高、跳远的能手。同样是“能听”的人，由于倾听的水平不一样，倾听的效果、交际的效果必然大相径庭。

听辨理解力强的孩子不仅能在倾听中及时跟上大人的语速，迅速听出大人话语的思路要点，辨出真假，理解语意，而且能听辨出对方话语中“弦外之音”，从而挖掘出对自己有利的信息，并加以利用。对于听辨理解力强的孩子来说，倾听别人说话的过程就是学习的过程，就是不断丰富自身知识的过程。

在现实生活中，我们经常发现，有的孩子听一件事时，只听到其中的一点儿就听不下去了，这就是倾听质量不高，听得不仔细、不专心、不认真的表现。对于这种情况，父母可以在日常生活中对孩子进行有目的的听辨练习，让孩子去判断语言的对错，并加以改正。如，你说“玉米棒结在地下，葡萄结在树上”，让孩子听到后，挑出毛病并纠正。为了吸引孩子注意倾听，你的语速可以稍快一点，让孩子觉得你是在跟他做游戏。

4．让孩子传话

只有让孩子把听到的内容说出来，我们才知道孩子是否仔细倾听了。你可以让孩子重复一遍你说过的话。这样，你马上就能弄清楚孩子到底是没有听见你所说的话，还是孩子确实不知道该如何去做。

你可以让孩子听一段话或一个故事，要求孩子认真、仔细听完后回答问题。如：小蚂蚁想去哪里？汽车上坐着谁？等等。

传话法可训练孩子记忆力和倾听力，如让爸爸每天告诉孩子一句话，再请孩子告诉妈妈，这样就逐渐培养了孩子仔细倾听的能力。

5．唤起孩子倾听的欲望

父母要让孩子知道，声音真是一种非常奇妙的东西。风声、雨声、流水声，笛声、歌声、人语声……是丰富多彩的声音，使大自然充满奇趣，使人与人得以沟通交往……如果没有声音，世界将会怎样？枯燥、死寂、可怕……难以想象。

西方有句名言：上帝给我们两只耳朵，一张嘴，就是要我们少讲多听。父母要让孩子知道，在人与人的交往中，学会倾听，

不但能给予他人自信，使自己取得信赖，赢得友谊，也是了解别人的最好的方式。在别人的话语里，有鲜花，有荆棘，有废渣，有珍珠，有林林总总的一切。细心的倾听者，能从中听到财富。

6．让倾听提升孩子的审美情趣

自然界中充满了语言，花有花言，鸟有鸟语，就连风吹过时也有“沙沙”“呼呼”之别。大自然有生动、丰富而又无穷的听的资源，我们为什么不让孩子去利用呢？

父母应经常带孩子走进大自然，并引导他们听听四季之声，潮汐之声，乃至万物之声，让孩子们在色彩纷呈的自然之声中去感悟、辨析、理解、记忆、想象……从而陶冶孩子性情，提升孩子的审美情趣。

总之，培养孩子善于倾听的能力，使孩子养成善于倾听的习惯会对孩子的人生产生不可估量的作用，会对孩子全面素养的提高起到巨大的推动作用。因为，学会了倾听，也就学会了尊重别人，学会了真诚处事，学会了关心，也学会了与他人合作。

讲给孩子的故事

小猫学本领

小猫长大了。

有一天，猫妈妈把小猫叫来，说：“你已经长大了，三天之后就不能再喝妈妈的奶了，要自己去找东西吃。”

小猫惶惑地问妈妈：“妈妈，那我该吃什么东西呢？”

猫妈妈说："你要吃什么食物，妈妈一时也说不清楚，就用我们祖先留下的方法吧！这几天夜里，你躲在人们的屋顶上、梁柱间、陶罐边，仔细地倾听人们的谈话，他们自然会教你的。"

第一天晚上，小猫躲在梁柱间，听到一个大人对孩子说："小宝，把鱼和牛奶放在冰箱里，小猫最爱吃鱼和牛奶了。"

第二天晚上，小猫躲在陶罐边，听见一个女人对男人说："老公，帮我一下忙，把香肠和腊肉挂在梁上，把小鸡关好，别让小猫偷吃了。"

第三天晚上，小猫躲在屋顶上，从窗户看到一个妇人叨念自己的孩子："奶酪、肉松、鱼干吃剩了，也不会收好，小猫的鼻子很灵，明天你就没得吃了。"

就这样，小猫每天都很开心，它回家告诉猫妈妈："妈妈，果然像您说的一样，只要我仔细倾听，人们每天都会教我该吃些什么。"

靠着倾听别人的谈话，学习生活的技能，小猫终于成为一只身手敏捷、肌肉强健的大猫。

它后来有了孩子，也是这样教导孩子："仔细地倾听人们的谈话，他们自然会教你的。"

告诉孩子

别人的谈话中包含有很多信息。善于倾听别人谈话的人，能从中发掘对自己有利的信息，并加以运用。我们可以靠倾听别人的谈话，学习为人处事的技巧，学习生活方面的某些细节，等等，从而使自己在学习中不断地成长。

13

让孩子知道骄傲自大的后果

做人处事箴言

不要拿自己的长处与别人的短处相比较，因为这样比较的结果，无非是沾沾自喜，自以为了不起，导致看不起别人。只有全面、客观地比较，才能做到取人之长，补己之短。要知道山外青山楼外楼，强中更有强中手。

在充满爱的安全氛围中成长的孩子，很容易自我肯定。为了让别人了解他所做出的成就，他会毫不掩饰地表达自己的心满意足，而忽略别人的感受。

当当在家里和邻居的小朋友们一起玩儿童篮球。当当把小小的篮球投进了篮筐，然后他高兴地大喊起来：“看！我投得多棒！”然后又告诉妈妈：“我投得特别好，我早就学会了，他们还不知道怎么玩。”他毫不掩饰地炫耀自己的喜悦和自豪，俨然一副“我才是这个世界的国王”，使妈妈都有点不好意思了。

别的小朋友离开以后，妈妈觉得很有必要引导当当考虑一下别的小朋友的感受。妈妈告诉当当：“你篮球打得这么好，我

真为你高兴。但是，如果爸爸打得比你好，爸爸一直都对你说他比你强，你会是什么样的感受呢？”

“我，我会心里不舒服，但我只是想让妈妈知道我打得很棒。”当当满脸委屈。

“下一次想炫耀自己打球打得棒的时候，可以来告诉爸爸妈妈，因为爸爸和妈妈非常愿意听到这些好消息，但不要当着小朋友的面说自己很棒，说他们很差，那样小朋友会很伤心的。没有人愿意和一个骄傲自大的人做朋友对吗？”

当当点了点头说：“我以后不这样了。”

延伸阅读

教孩子学会谦虚谨慎

在现实生活中，平时学习成绩较好，经常受到家长和老师表扬的孩子一般容易滋长骄傲情绪。他们总是能随意指出别人身上的毛病，却看不出自己的问题。他们听不得别人的善意批评，总处于盲目的优越感之中。

小倩各方面都比较出色，还经常为班里出板报。一次，妈妈听她发牢骚说：“那3个同学跟着我有什么用？还不是我一个人编，一个人写，一个人画的？”

玲玲今年14岁了，很招人喜爱，小提琴也拉得不错，亲戚朋友都喜欢她，夸奖她。可是，她总是瞧不起别人。小朋友们都不爱和她玩，她也不爱搭理人家，有时甚至对成年人也非常傲慢无礼……

优秀的孩子往往自视过高，爱抬高自己贬低别人，甚至把别人看得一无是处，这样很容易滋生骄傲自满情绪。骄傲自满、固步自封不但是个人成长进步的障碍，而且还会造成伙伴关系的紧张。不过，做父母的没有必要对这些问题太着急，应该帮助自己的孩子找出骄傲自满的原因来。

大哲学家苏格拉底总是不断地修正自己，不断地学习。他的学生问他：“您学问那么大，怎么还有那么多疑问呢？”苏格拉底说：“我的知识比你们多一些，好比是一个大圆的面积；你们的知识好比是一个小圆的面积。圆周的里面是自己已有的知识，圆周的外面是未知世界。由于大圆周长比小圆的周长要长一些，所以我接触的外部未知世界也比你们多些，我的疑问自然也比你们的多。”父母有必要让孩子明白这个道理：懂的越多，越应该谦虚。

在古希腊传说中，特洛伊战争中有名的英雄阿基里斯的身体是刀枪不入的。这是因为他小时候，母亲曾经把他倒浸在冥河中，而冥河水有神效。但由于母亲当时是捏住他的脚跟把他倒浸在河水里的，所以他的脚跟没有沾到河水，成了他身体上的薄弱环节，也是致命的地方。后来阿基里斯被帕里斯用暗箭射中脚跟而亡。可见，一个人如果只知道自己的优势而忽略自己的弱点，哪怕是很小的弱点也可能是致命的。

很多孩子只看自己的优势，不懂得谦虚谨慎。面对这种情况，父母不妨适当给孩子泼泼冷水。这样，孩子才会不断正视自己的不足之处，不断完善和超越自己，最终才有希望超越别人。

苗苗写了一篇作文，在某报纸上发表了。班主任老师在全班表扬了她，苗苗心里乐开了花。

回家以后，苗苗把报纸给妈妈看。妈妈看后，也开心地说：“我女儿真了不起！”

苗苗又得意洋洋地给爸爸看，没想到爸爸竟毫不客气地说：

“这文章有漏洞，许多地方需要改进。”苗苗当时很不服气。

两年后，苗苗上中学了。有一天她重读了自己这篇旧作才体会到，文章果真应该改进。

如今，苗苗就读于某名牌大学中文系，而且是学校知名的“才女作家”。她感到庆幸——她既有肯定她成绩的老师和妈妈，也有指出她不足的爸爸。是那些批评和表扬教会了她平衡自己的心态，驾稳了她人生的风帆，不骄不躁，稳步前进。

孩子因为有某些方面的专长和成绩而骄傲自满时，父母要告诉孩子“虚心使人进步，骄傲使人落后”，天外有天，世界上的能人很多，要知道的东西很多，永无止境，取得一点成绩没有理由骄傲。

做父母的一定要让孩子认识到骄傲危害，切勿让骄傲支配了孩子。骄傲会使孩子失掉客观的标准，固执己见，拒绝有益的劝告和友好的帮助。盲目骄傲自大的人就像井底之蛙，目中无人，自以为是，严重阻碍继续前进的步伐。父母要让孩子知道：任何成绩只能是阶段性的、局部的，只是一个起点。在学习上，知识是无边的海洋，因一时一事的领先就趾高气扬，恰恰是自己知识不够、眼界不宽的表现。

我们要让孩子认识到：自己还小，知道少，经验少，要认真学习，向成人学习，向小朋友学习，“三人行必有我师”，只要虚心学习就能向任何人学到东西；骄傲，看不起人，就不可能前进，结果必然影响自己的进步。

与此同时，注意培养孩子谦虚谨慎的作风。谦虚的美德历来被称作“一切美德之冠”，越是有知识的人，越会感到自己的不足，“学然后知不足”，正是这个道理。俗话说得好：“越饱满的谷穗，越是低下自己的头”；田里面，高高扬着自己头的一定是稗子。谦虚的人既尊敬他人，也受他人尊敬，拥有这种利人利己的美德何

乐而不为呢？

父母应告诉孩子，任何一个人，即使他在某一方面的造诣很深，也不能够说自己已经彻底精通，彻底研究全了。所以，谁也不能够认为自己已经达到了最高境界，可以趾高气扬、停步不前了。如果是那样的话，则必将很快被同行赶上，很快被后人超过。所以，没有谁具有永远骄傲的资本。

此外，在家庭生活中，父母不要包办代替孩子做该做的事，以免孩子以为世界上的一切事情都很容易。相反，父母可有意识地制造一点困难让孩子去克服，使孩子认识到做之前并不那么容易，人生的道路并不那么平坦，从而促使孩子虚心学习，取人之长，避己之短，不断进步。

讲给孩子的故事

骄傲的橡树

一望无垠的草原上，有棵高大的橡树，许多动物都喜欢到树下遮阳，避雨。

“还好有这棵树，要不然我们就热坏了。”

“是嘛！它是这片草原上唯一的风景。”

它们总这样称赞。日子久了，接受的赞美多了，橡树竟然也渐渐觉得自己的确很了不起。它开始看不起身边的小草们了。

有一天，草原上刮起了暴风雨，声势之大前所未见。小草们一株株都随风势弯下身子，只有像树依然高傲地迎风直立。

“快弯腰啊！风太大了，和它硬挺会吃亏的。”

“我就是这样的个性。”橡树不只没有屈服，为了显现它的威武，反而挺得更直。

“不论遇到多大的阻碍，我永不低头。来吧！尽管来吧！”

说实在的，它的树干那样粗壮，想弯腰恐怕都不可能哩！

它舞动着枝丫向狂风挑战，霎时间，一阵狂风席卷而来，不客气地将它连根拔起。

“啊！”它惨叫一声，砰然倒地。

风雨过后，小草又挺立起来，每一株都像原来那么完好，而橡树已奄奄一息地横卧在草丛里了。

告诉孩子

很多人在评论自己时往往会出现偏差，原因就在于看高了自己。只有多听别人的意见和建议，做到谦虚谨慎，才能不断地充实和完善自己。

14

让孩子知道帮助别人

做人处事箴言

一个人只有满怀热情，才能对周围的事物充满关切，才会主动、热心地去帮助别人。在孩子帮助别人之后，或许爸爸妈妈一个亲切的目光，几句鼓励的话语，就会使孩子明亮的眼睛里放出热情的光芒。

程雨跟妈妈上超市买东西，不经意间，他看见一个叔叔在掏烟时，把一张公交卡带了出来。叔叔好像没发觉，点着烟抽着就走开了。

坐车时，程雨听见有人说：“哎呀，公交卡怎么不见了！”程雨扭头一看，正是在街上他碰见的那位叔叔。程雨默然一笑，对妈妈说：“他的公交卡早丢了，怎么现在才找？”妈妈吃惊的看着儿子：“你怎么知道他的卡早丢了？”“在超市门口我就看到了。”“看到了怎么不告诉叔叔？”“我又不认识他，他丢东西关我什么事！”

“这孩子！如果丢东西的是你，别人看见了，没有告诉你，

你会怎么想？”妈妈很严厉，问得程雨无话可说。妈妈接着说：“帮助别人或许只是举手之劳，却往往能给对方减少很多麻烦，为什么不这样做呢？”

程雨羞愧地低下了头。

延伸阅读

点燃孩子助人的热情

冷漠心态是人际交往的障碍。人与人的交往不仅仅是物质的交流，是信息的沟通，而且也是心灵与情感的互动。你经常对别人缺乏热情，怎么可能期盼别人对你投入热情？

当孩子过于冷漠，别说他对陌生人的疾苦不闻不问不懂，缺乏起码的同情心，他还会嘲笑残疾人，咒骂乞丐，刻薄地伤害同学、朋友，甚至至爱的双亲。在这样的心理状态下，他很难获得友情和快乐。

小奕的妈妈生病住院，爸爸为了不影响孩子学习，每天下了班匆匆给小奕做好饭之后，再急忙赶往医院给小奕妈送饭。一天，爸爸必须加班，就对小奕说：“爸爸今天要加班，你去给妈妈送饭好不好？”谁知小奕竟愕然地望着爸爸说道：“那不是你的事情吗？”爸爸一时无语。

这时，爸爸联想到自己平时总是对女儿说，“你是学生，你的任务就是学习，只要把学习搞好就行了。”在这种思想的指导下，小奕成了家里的一个“局外人”。她总觉得家里发生什么事都跟自己关系不大，自己对当前事件既没有责任也没有义务，

当然也没有关注的必要与参与的兴趣。

由此看来，其实孩子产生这种“油瓶倒了都不愿扶起来”的心理，根本责任还是在家庭教育。作为父母，应该有意识地让孩子从小就参与家中的一些事情，让孩子知道自己也是家中的一员，是家里的小主人，不仅有义务做好自己的事情，不为家人添麻烦，还应主动关心、照顾家人，并力所能及地主动做一些家务。

随着孩子一天天长大，父母不妨为孩子设置一些情境，让孩子帮助比他更小的或需要帮助的孩子。但是，父母也不要忽视这一点，那就是，热心助人的前提是，孩子必须奉献自己的力量，甚至牺牲自己现有的东西，才能去帮助别人，给他人以温暖和方便。人是自私的个体，没有人能够做到真正百分之百的只要付出，不要回报不要收获。也许其中的收获只是扬名、感激，或者其他的什么，但终究是要被肯定的，否则，人心是会不平衡的。孩子更是如此。

你在公车上给人让座，假如对方理都不理你就一屁股坐下了，连个“谢”字你也没有听到，你心里会是什么滋味？还能有那种热心的喜悦和宽容吗？假如每次都是这样，你还会给别人让座吗？同样的道理，不管是大热心小热心，如果始终没有人肯定，坚持一天两天容易，要长期保持一样的热情可就难了。

为了不使孩子的“热心”变“凉”，父母一定要及时对孩子的行为表示肯定，使热心成为孩子的一种性格特质。记住，向孩子灌输热心助人的价值观永远都不会太晚。

下面是一些培养孩子热心助人的小窍门，供家长朋友们参考：

1. 给孩子树立热心助人的榜样

有些父母坚信爱孩子、教育孩子、鼓励孩子的作用，他们的孩子也总是乐于助人，富有同情心，能为别人着想。这很可能反映出孩子与父母间的牢固联系，同时也是父母良苦用心的结果。毫无疑问，这同样反映出孩子效仿了父母的行为，要是孩子情绪好，他是极有可能帮助别人的，所以努力让他保持那种状态非常值得。

要培养乐于助人的孩子，最重要的就是：如果你希望孩子表现得大度、体贴、肯帮忙，你就必须以身作则，示范给孩子们看。要是你言行不一，孩子只会模仿你的行为，即使你把原则和指令讲得头头是道，也没有用。

2．让孩子相信自己有能力帮助别人

有些孩子在同伴需要帮助时，表现迟疑或冷漠。其实，他本身是愿意去帮助的，只是他缺乏自信，不相信自己能对别人有用，不相信自己能帮助别人。父母要经常寻找机会，让孩子学习自己的事情自己做，并帮父母做事；父母则及时给以赞扬和鼓励，让孩子感到自己有能力帮助别人，产生助人的行为动机。

3．告诉孩子为什么要热心助人

有些父母会对孩子说：“要是你打吉米，会弄痛他的。”然后他们不但解释这类行为的后果，还爱憎分明的指出“你不可以打人”这条原则。他们培养的孩子大多具有同情心，更喜欢帮助别人。有许多研究表明，对孩子阐明慷慨助人的理由，尤其是强调说明他人的感受时，最能帮助孩子养成友善、体贴的行为方式。

所有的父母都花大量的时间告诫孩子别去做什么，其实更重要的是告诉他们有些事为什么不应该做——特别是当行为的结论会影响别人的时候。制定一些积极的规则也很重要，我们应当重复阐明这些规则——尽管有时令人觉得可笑，比如“帮助那些没我们幸运的人总是好的”。

4．让孩子注意到别人的需要

当同伴处于困境中时，有些孩子能很快察觉到，并能伸出援

手；而有些孩子却毫无反应，该干什么还干什么。对于后者，父母要经常直接用语言表达自己的需要，描述需要的帮助，并教孩子懂得如何从别人的表情、行为看出对方的需要，让孩子学会关心他人。

5．及时强化孩子的“热心”行为

孩子扶起倒在地上的自行车，孩子给上坡的三轮车助上一把力，孩子把自己的新书送给贫困地区的友伴，孩子为正在发愁的妈妈送上一杯茶，当孩子出现这些“热心”行为的时候，父母应及时给予表扬、鼓励。父母在强化孩子热心行为的同时，就抑制了孩子“冷漠”心态的生长。

点燃孩子助人的热情，需要父母在日常生活中一点一滴地教给孩子。培养出一个热心助人的孩子，这个世界就会多一份温暖和关爱。

讲给孩子的故事

朋友向你求救时不要不理不睬

一只老鼠透过墙壁上的洞，看见农夫和他的妻子正在打开一个包裹。里面是什么食物呢？当它发现那是一个捕鼠器后，吓呆了。

老鼠跑到农场的院子里，发布警告：“这所房子里有一个捕鼠器，这所房子里有一个捕鼠器！”

鸡咯咯地叫着，爪子在地上乱抓，然后头也不抬地说：“对不起，老鼠先生，这是你所面临的危险，和我没关系。我不必

为此烦恼。”

老鼠又找到猪，告诉它：“这所房子里有一个捕鼠器，这所房子里有一个捕鼠器！”

“非常抱歉，老鼠先生，”猪同情地说，“除了祈祷，我对此无能为力。我一定会为你祈祷的。”

老鼠找到牛。牛说：“老鼠先生，捕鼠器会带给我什么危险吗？”

最后，老鼠低着头回到房子里，万分沮丧地独自面对农夫的捕鼠器。

当天晚上，房子里发出声响，捕鼠器抓到了猎物。农夫的妻子急忙赶来查看。黑暗中，她没有看见那是一条尾巴被夹住的毒蛇，结果毒蛇咬伤了农夫的妻子。农夫赶紧把妻子送到医院，回来后她发烧了。

人们都说，新鲜的鸡汤可以退烧，于是农夫拿着斧头到院子里去获取鸡汤的原料。他妻子的病情没有好转，邻居和朋友们纷纷赶来轮流照顾她。为了款待他们，农夫把猪杀了。农夫妻子的病情继续恶化。不久她死了，许多人前来参加葬礼，农夫又杀了牛给他们做吃的。

告诉孩子

当你周围的人面临麻烦，向你求助的时候，千万不要因为那不关你的事就置之不理。聪明的人，总是在关键时刻帮人一把，这样别人也会在重要时刻助你一臂之力。

15

让孩子懂得什么是同情心

做人处事箴言

一个健康的孩子就好比一棵树，必须以善良为根，正直为干，丰富的情感为蓬勃的枝丫，才能结出美丽善良的果子。善良的情感及其修养是人道精神的核心，父母必须在孩子很小的时候就细心培养，否则难有效果。

茵茵放学回家后对妈妈说：“我们今天在假山上玩的时候，发现了一只死的小刺猬，特别可怜，老师说肯定是烧树叶时被烧死了。小刺猬会有多疼呀！我们班很多小朋友都哭了，老师和我们一起把它埋了。”

“那你哭了吗？”妈妈故意问她。

“我没哭出来，我是不是没有同情心啊？”茵茵看着妈妈，有些不好意思地问。

“没关系，你难受就说明你很善良，有同情心，有同情心不一定都要哭的。”妈妈帮助茵茵校正了她的想法，继续说：“你说它特别可怜，就说明你同情它。会同情别人是件好事。上次爷爷

生病的时候，你不是把你的好吃的都带给爷爷吃了吗？这说明你是一个有同情心的孩子。”茵茵听了妈妈的话，若有所思地去玩了。

延伸阅读

让善良融入孩子的生活细节

一位教育家讲过一个这样故事：有个小学三年级的学生，捉到了几只羽翼未丰的小麻雀，玩弄了一阵之后，就把它们关进了课桌里。后来老师打开课桌，发现那些小麻雀都已经奄奄一息了。老师狠狠批评了他。为什么呢？教育家说：因为这小孩子对小麻雀太残忍了。

几个放学的小学生，发现了一只流浪猫。“打！”一阵乱石过后，寒风中的小猫已经没有能力逃跑了，可顽皮的孩子仍不罢手，他们不知从哪儿弄来了一些汽油，把汽油倒在小猫身上，然后点燃了小猫的尾巴，在孩子们的大笑声中，小猫在火舌中奔跑、惨叫……

著名教育家苏霍姆林斯基说：“从一个小孩如何对待鸟、花、树木，可以看出他的道德，他对人的态度。”不爱护小动物，看似事小，其影响却不小。一个孩子从小虐杀小动物，长大之后，很可能就要杀人。一个孩子假若没有善良，他的聪明、勇敢、坚强、无所畏惧等品质越是卓越，将来对社会构成的危险往往就越可怕。所以，如何培养孩子从小就树立仁爱心、善良之心，已成为父母需要迫切关注的一个问题。

那么，怎样才能使孩子有颗善良的爱心呢？

1．让孩子爱自己的妈妈

常常听到周围的一些母亲抱怨：孩子如何不关心母亲，有的甚至打骂母亲。母亲用血乳养育了孩子，孩子却忘恩负义。

父母是孩子爱的启蒙教师。孩子正是从父母彼此相爱、真诚相待中感受到家庭之爱，学会爱人的。一个连自己的妈妈都不爱的人，是不可能去爱别人的。父亲对母亲的一言一行都影响孩子对母亲的态度。从父母恩爱、彼此尊重的家庭里走出来的孩子，他们对家人温和亲爱，对外人也谦让有礼。

每当一年级新生入校时，著名教育家苏霍姆林斯基总要在校门口悬上大幅红字标语：孩子，请爱你的妈妈！因为人生最圣洁、最美好的就是母爱。

爱妈妈是孩子爱的萌芽，是孩子善的开始。培养孩子尊重妈妈、爱妈妈的良好品质，可以从以下几点做起：

(1) 不要让孩子对妈妈高声大嚷。

(2) 不要让孩子嫌弃妈妈的唠唠叨叨，因为这也是妈妈的爱。

(3) 告诉孩子，要关心妈妈，关心妈妈的身体，体贴妈妈的困苦，在妈妈遇到困难的时候，要勇敢地站在妈妈的身旁说：妈妈，不怕，有我在这里。

(4) 教孩子感谢妈妈，感谢妈妈为了他付出了自己美丽的青春和宝贵的一生。

如此，培养出来的孩子才可能具有细腻温柔的爱心。

2．培养孩子的同情心

人们发现，幼年、童年饲养过小动物的孩子，感情比较细腻，心地比较善良。相反，从小没有接触过小动物的孩子会感情冷漠。特别是在与同学发生矛盾冲突时表现为冲动易怒，出口

伤人，行为残忍，并且会欺负弱小的同学。总之，缺乏同情心的心灵坚冷如石。

为了培养孩子的同情心和丰富细腻的感情，年轻的父母可以在条件允许的情况下，支持孩子饲养小动物。在马克思不太宽敞的家中，就喂养着各种各样的小动物，鸟、猫、狗等，只要孩子想养，父母都允许。没有同情心就没有善良，没有善良就没有人道。父母有责任培养和保持孩子的心永远善良、柔软。同情心是一种重要的心理品质。富于同情心的人善于了解别人的处境，随时准备从道义上、行动上支持别人，从内心深处关心人、同情人。没有同情心的人，他只关心自己，只顾自己的快乐，而无视别人的痛苦，在他的心目中不会有他人幸福的概念，他甚至会把自己的欢乐建立在别人的痛苦之上。

汉斯的女儿雪丽刚会走路，汉斯就送给她一只小兔子。雪丽爱它如珍宝，刚会写一点字，就开始为它作生长记录，自觉地担负起了喂养它的责任。后来，汉斯还让她养了一只鸟和一只小乌龟。好多中国朋友都劝他，不要让孩子养宠物，一方面是孩子接触宠物不卫生，另一方面是如果宠物有个三长两短，孩子稚嫩的心灵会承受不住。但汉斯却认为，只要父母掌握尺度，让宠物养成正确的卫生习惯，孩子就不会因宠物而染病；宠物出现生老病死的情况，这是自然规律，孩子早晚都要明了这一真相。除掉这些顾虑，孩子养宠物，为的就是培养其善良的天性：孩子本身就是弱小的，让他们学着照顾宠物，其实也就是在学习照顾比自己还要弱小的生命。

讲给孩子的故事

两只青蛙的命运

炎热的夏季，夜已经深了，人们都进入了甜蜜的梦乡，而住在池塘边的两只小青蛙白肚皮和大眼睛，却怎么也无法安然入睡。

白肚皮用怪怪的语气说：“我说大眼睛老兄，这几天生活过得怎么样，还好吗？”大眼睛愁眉苦脸地说：“那好到哪里去呢，现在人类捕杀我们，我们都快灭绝了。就拿那天来说吧，我正和弟弟们在池塘里高歌，一张大网向我们扑来，要不是我眼疾手快，还不知是哪一道菜呢！”

白肚皮接着说：“是啊，有一天我正在田里捉害虫，只见一只大头苍蝇飞来，我猛扑过去。却是一层网子包围了我，要不是那时我又瘦又小，早就没命了。”

说着说着，只听见“嗖”地一声，这两只可怜的小青蛙又被抓了……

告诉孩子

小动物是人类的朋友，它们也有感情，能感受到人们对它是友善还是恶毒。爱护小动物是一个人心地善良的表现。要做一个善良的人，就要爱护小动物。

16

让孩子感受到被人关心的幸福

做人处事箴言

告诉孩子，不要小看对一个失意的人说一句暖心的话，把一个将倒的人轻轻扶起，对一个无望的人赋予真挚的信任。也许自己什么都没有失去，而对于一个需要关心和帮助的人来说，也许就是力量，就是支持，就是宽慰。

巍巍在读小学二年级的时候，因吃东西不小心导致胃出血，住进了医院。在住院的七天中，大家都很关心巍巍，亲人个个都抽出时间来医院看他，妈妈也因心疼孩子而流下了眼泪。

出院后，爸爸告诉巍巍："孩子，在你住院期间，常常都有同学来看你。还有同学每天都坚持来这看你，常问我你什么时候才回来。"

巍巍感动地说："这么多人关心我，我觉得很幸福。以后我也会主动关心别人，让他们也感受到被人关心的幸福。"

延伸阅读

教孩子学会关心别人

孩子是否懂得关心别人，是孩子将来能否亲和社会、与人和谐相处的基础和前提。孩子的爱心是通过自然而然的模仿、潜移默化的渗透逐渐形成的，是一个从外在到内在、从量变到质变的发展过程。在这一发展过程中，家庭是最重要的爱心培育基地，父母是最直接的爱心播种者。

1. 给孩子做关心别人的榜样

俗话说：言传身教。榜样的力量是无穷的，也是最有效的。要使孩子富有爱心，父母必须从自己做起，从孩子一生下来就开始做。

有一对知识分子父母，他们深深地懂得父母的言行在孩子成长中所起的重要作用。他们总是以身作则，并以此去引导孩子。

他们孝顺长辈，在家里，总是给长辈倒茶、盛饭、搬凳子；逢年过节给长辈买东西、送礼物，父母总是让孩子知道，还常常请孩子发表意见该送长辈什么礼物。逢到单位组织旅游或搞活动，如果能带家属的，他们总是带上孩子和长辈，让孩子与长辈都能开阔眼界，更重要的是，孩子能够从中体会到父母对长辈的关心。

他们关心孩子，对孩子说话总是温和、体贴，还常常与孩子进行情感的交流，给孩子适当的鼓励和表扬，让孩子直接感受到父母对自己的爱。

他们夫妻之间互相关心，在餐桌上，总是不忘给爱人夹对方爱吃的菜；每逢出差，在给孩子买礼物的同时，总不忘给爱人也买一份；吃东西的时候，他们总会提醒孩子给爸爸或妈妈留一份。他们还注意使用爱的语言，比如“你辛苦了，先歇一会儿！”“别着急，我来帮你！”“谢谢你为我所做的一切！”等。这样，孩子在父母的引导下，也学会了去爱他人。

2．教孩子站在别人的立场上考虑问题

爱心培养还需要教孩子站在别人的立场上考虑问题。父母可以经常让孩子把自己痛苦状态时的感受与别人在同样情境下的体验加以对比，体会别人的心情，这样可以让孩子学会理解别人。

例如，看到小朋友摔倒了，可以启发孩子：“想想你摔倒时，是不是很疼？小弟弟一定很难受，我们快去扶起他，帮他擦擦脸。”这样，孩子的同情心不知不觉就培养起来了。

3．让孩子了解一些生活的真实情况

父母们总是担心孩子吃苦头，担心孩子遭受挫折。尽管自己面临着许多生活的曲折和坎坷，尽管自己有许多不快乐和情绪不稳定，但父母总是竭力在孩子面前保持平稳。父母总是极力避免孩子过早地承受生活重担，其实这样只会使孩子越来越缺乏爱心。父母要学会让孩子了解一些生活的真实情况。

有位职业妈妈，每天要叫儿子起床，然后赶着去上班。有一天，刚上小学的儿子又懒床了。妈妈生气地对儿子说：“我也想象你一样睡懒觉，不用去上班。可是，我却没办法，我得去上班挣钱，你们学校马上要付学费了。你知道吗？”没想到，这次儿子乖乖地起床了。从此，儿子总是会自己主动起床。

由此可见，父母不要刻意向孩子隐藏生活的艰难，而是应该让孩子了解一些生活的真实情况，让孩子从小就学着与父母一起分担，做一些力所能及的事情。只有勤快的孩子才会懂事，知道关心体贴别人。

4．学会接受孩子的爱

许多父母往往只要求孩子好好读书，根本不要求孩子去做别的事情。

“三八”节到了，幼儿园的阿姨让孩子们想办法给母亲过节。孩子们决定给母亲送上一杯浓浓的、甜甜的糖水，让妈妈感到生活是非常甜美的。事后，阿姨找到孩子们了解情况。

一个孩子说：“那天，我早早就等着妈妈下班，一听到她下班的脚步声，我就跑上前去，给她递上浓浓的、甜甜的糖水。妈妈一饮而尽，脸上露出幸福的笑容，还亲了我一口！”

另一个孩子说：“我可没有你那么幸运。我跟你一样，早早作好了准备，妈妈见到我，却说：‘这是干吗？你少来这套，得几个100分比什么不好？’”

第三个孩子说：“我妈妈的脸，是在喝了一口糖水后耷拉下来的。她说：‘傻丫头！你到底搁了多少糖啊？’”

这三位妈妈中只有第一位妈妈懂得要让孩子做一些事情，父母应该接受孩子的爱。其他两位妈妈都忘记了应该向孩子索取一些爱，培养孩子的爱心。这可能让孩子们误认为，原来父母是不需要爱的，他们只需要成绩。一旦孩子产生了这样的想法，以后他什么都不过问了，他们会变成不懂爱、不会爱的冷漠的人。

所以，父母应该让孩子参与到家庭生活当中，让孩子去爱他人，同时也要安心接受孩子的爱，这样，你的孩子才会更有爱心。

5．父母要在重要事情上引导孩子

许多孩子在父母的教育下也能做到关爱周围的人和事物。但是，当孩子遇到不被别人关爱的情况时，孩子的内心往往就会感

到失落。更重要的，他对父母教育自己要关爱周围的人和事物会产生一个不良的判断，认为关爱别人得不到回报。这时候，父母要及时察觉孩子的心理，抓住机会对孩子进行引导。

讲给孩子的故事

每个人都需要我们的关怀

一个小女孩在一片草地上发现了一只被荆棘弄伤了蝴蝶，她小心翼翼地为它拔掉刺，让它飞向大自然。

后来，蝴蝶为了报恩化作一位仙女，对小女孩说："你很善良，请你许个愿，我将让它实现。"

小女孩想了一会儿，说："我只希望快乐。"

仙女弯下腰来在她耳边悄悄细语一番，然后就消失了。小女孩果真很快乐地度过了一生。

她年老时，邻人求她："请告诉我们吧，仙女到底说了什么？"

她笑着说："仙女告诉我，我们周围的每个人，都需要我们的关怀。"

告诉孩子

只要心中有爱，懂得去关怀别人，就会拥有一生的快乐。

17

让孩子学会幽默地待人接物

做人处事箴言

在一个充满幽默欢笑的家庭里，孩子会变得活泼、热情、开朗。用幽默的方法教育孩子，对孩子是十分有益的。父母可以与子女开些善意的玩笑，鼓励孩子说些健康的俏皮话，这不仅仅是在逗乐，而是在培养孩子健康乐观的个性。

周末，外面却下起了雨。爸爸说：“下雨了，可以让外面的树免费洗个澡，我们也不用开空调，大家都可以得到实惠。”孩子本来想抱怨下雨了就不能出去玩了，但听了爸爸的话心情一下子就变了。

吃饭的时候，平时做事很细心的妈妈端了一大碗的汤过来，没想到却在餐桌上打翻了。妈妈没有丝毫的不快，对孩子说：“今天真难得，妈妈把东西打翻了。如果去买彩票，一定可以中大奖。”

孩子笑得前仰后合，向爸爸妈妈提议：“计划赶不上变化。为了庆祝今天所有的突发情况，我替爸爸宣布，今天大家可以去

麦当劳好好吃一顿！”

父母乐观幽默，孩子在无形中就学会了。

延伸阅读

培养孩子的幽默细胞

在生活中不断地制造欢笑，让周围的人感到轻松愉快，自己也会富有成就感和自信。因此具有幽默感的孩子，通常都很乐观，也较容易获得友谊。

“缺乏幽默是悲哀的”，家庭教育也同样如此。幽默感应在父母的语言修养中列居特殊的地位。父母多一分幽默，子女就更多一分笑声，多一分欢乐，多一分力量。幽默不仅能消除父母与子女之间人为的紧张情绪，而且可让子女在笑声中健康身心，达到寓教于乐的目的。

只要父母能好好鼓励并加以培养，让孩子成为一个幽默的人不是一件难事。那么该如何培养孩子的幽默感呢？以下提供一些方法，可供父母参考。

1．给孩子营造温馨幽默的气氛

父母的工作繁杂、琐碎，每天忙完了工作还要忙家务。但无论如何，父母若能根据特定的情况，机智地创设幽默轻松的育儿环境，自然巧妙地把不快融入会心的微笑中去，则能使亲子关系更为和谐、融洽，并且有助于孩子身心健康发展。

当孩子哭闹时，父母若懂得在一旁营造气氛，抱抱他，拍一拍他，安抚他：“怎么了，小宝贝，为什么哭得跟小花猫一样？有什么事？妈妈可以帮你的忙吗？”温柔、幽默的表达方式，有助于孩子忘记哭泣，破涕为笑，找到快乐。

孩子特别喜欢“过家家”，或扮演卡通人物。当美国父母发现自己的儿子与邻家小女孩正在十分投入地扮演王子和公主时，不仅不阻拦，自己还可能客串坏蛋之类的小角色，添油加醋地让气氛更为生动、活泼。

2．让孩子在幽默中接受批评教育

对待孩子的错误，严肃认真的批评是一种教育方法，有时采取幽默的手段同样也可以达到教育的目的。父母不应总是用斥责惩罚的方式对待犯错误的孩子，不要让孩子总是担心受到惩罚，而要使他在看出自己谬误的同时破涕一笑。所以，父母不妨改变一下板着面孔批评教育孩子的做法。

孩子大喊大叫的时候，父母可以神色慌张地走过去说：“嘘，千万小心，屋顶快裂开啦！”孩子看看天花板，随即会嬉笑着降低音量。听腻了直言告诫的孩子更愿意愉快地接受父母诙谐的批评。

孩子挑食，不好好吃饭，父母可以给孩子讲《珍珍姑娘》的故事：“有个叫珍珍的小姑娘，吃东西十分挑剔，这也不吃，那也不吃，结果变得又瘦又小又轻，被蚂蚁抬走。她在音乐会上唱歌比蚊子声音还小，在运动会上……”这种夸张的故事会让孩子觉得十分可笑，并很快意识到挑食的坏处，从而在笑声中受到教育。

3．鼓励孩子大胆表现幽默

讲述、表现是提高孩子幽默能力的法宝。随着孩子对幽默作品的兴趣和领悟力的提高，父母可以进一步鼓励孩子大胆表现幽默，让孩子讲述各种来自画册、电话以及生活中的小笑话。当孩子说出一些好笑的笑话和语言，或是表现出一些有趣的动作时，别忘了给他一些掌声和鼓励，建立他的自信心，让自己和孩子轻松一下。这种做法不仅能锻炼孩子大胆表现自己的胆量，而且对提高孩子的口语表达能力很有帮助。当然，更重要的是，孩子可以在妙趣横生的话语中陶冶情操，获得心理上的满足。

当然，有时孩子讲的笑话很可能不够高雅，但只要不伤害他人，不违反礼貌，不涉及危险动作，父母一般不要去粗暴地批评乃至责备。因为孩子，尤其是那些淘气的男孩，往往会通过笑话或恶作剧来“平衡”或“调节”自己的心态。尽管其中的幽默可能让大人们不快甚至难堪，但大人理应包容，这毕竟是孩子成长过程的一个组成部分。此时父母若能正确引导，让孩子知道什么是粗俗，什么是幽默，才是明智之举。

充满幽默的语言和事物能让孩子的眼睛亮起来，在无形中刺激孩子的思维和语言能力。当你对孩子说：“再不收拾玩具，以后就不给你买玩具了。”其实不妨加一点“幽默调味料”，如“玩具们玩了一天都累了，要回家休息了，不然他们要哭了。”让自己和孩子在有目的语言和气氛中轻松一下。

父母只要给孩子足够的空间，让他们寻找自己的生活乐趣，就不难培养出幽默健康的孩子。孩子的幽默性格一旦形成，对其一生都将产生重要的影响。具有幽默感的孩子大多开朗活泼，往往更讨人喜欢，其人际关系也比不具幽默感的孩子好得多。幽默还能帮助孩子更好地应对生活和学习中的压力和痛苦，因而幽默的孩子往往比较快活、聪明，能较轻松地完成学业，并拥有一个快乐、愉悦的人生。

讲给孩子的故事

幽默可以化解尴尬

第二次世界大战期间，英国首相丘吉尔到华盛顿会见美国总统罗斯福，要求美国共同抗击德国法西斯主义，并给予物资援助。

丘吉尔受到热情接待，被安排住进白宫。一天早晨，丘吉尔躺在浴缸里，抽着他那特大号雪茄烟。此时，门突然开了，进来的是美国总统罗斯福。丘吉尔大腹便便，肚子露出水面……两位世界名人在这样的情形下碰面，实在颇为尴尬。

丘吉尔扔掉了烟头，说：“总统先生，我这个英国首相在您面前可真是一点也没有隐瞒。”

说完两人哈哈大笑起来。

丘吉尔这一句风趣幽默又语带双关的话，不仅使双方从尴尬的情境中解脱出来，而且借此机会再一次含蓄地阐述了自己的观点和目的，意外地促进了谈判的成功。

告诉孩子

幽默的人不但能给人带来欢乐，还可以化解尴尬。

18

让孩子懂得合作的力量

做人处事箴言

合作不是一般意义上的人际交往，而是为了一个共同的目标结成的互助互利的“双赢”关系。在这种关系中，利他行为是一个基础要素，自己的成功以帮助别人成功为前提。但是，利他行为不是孩子一出生就具备的，它需要后天的培养。

童童是一个很“独”的孩子。妈妈为了让童童明白团结合作的道理，引导他做了这样一个游戏。

妈妈先让童童伸出自己的小手，分别谈一谈每根手指头的优势和长处。童童说：“大拇指可以用来赞扬别人，可以按图钉；食指可以指东西，可以挠痒痒；中指最长，可以……” 童童的思维挺活跃，一口气说了不少，爷爷奶奶也在一边及时补充，可谓数尽每根手指的功能。

这个时候，妈妈笑眯眯地递给童童一个她事先准备好的道具——装着一个小玻璃球的杯子。妈妈对童童说：“每个手指都有那么多功能，那么，现在你就用你认为最有本事的那根手指把玻璃球从杯子里取出来！记住，只能用一根手指。”

童童按照妈妈的要求动起手来。可是，不论他怎么努力，玻璃球就是取不出来，急得小家伙抓耳挠腮。这时，妈妈不紧不慢地说：“现在你可以邀请另外一根手指同原先的那一根合作。”于是问题迎刃而解。

妈妈告诉童童：“无论一个人多有才能，其能力总是有限的，总有他无法独立完成的工作，就像一个手指无法取出玻璃球一样。所以，遇到自己解决不了的问题，不妨与别人合作，发挥集体的力量。”

延伸阅读

教孩子学会与人合作

生存是一门艺术，它的第一法则就是合作。一个人的力量是微薄的，而团结与合作能够聚集强大的力量，完成个人所不能做到的事情。一个懂得合作的人，更容易适应这个社会，并发挥积极作用；不懂合作的人在生活中会遇到许多麻烦，产生更多的困难并且无所适从。

如今的孩子大都是独生子女，任性、脾气大、与人合作能力差成为孩子们普遍的弱点。那么，父母应该如何教导孩子主动参与合作呢？

1．告诉孩子，要学会生活，必须先学会合作

每年秋天，大雁都要飞到南方去过冬，它们往往排成整齐的

V 字形，在天空中飞行。这样飞行可以缩短路程吗？科学家研究得知：列队飞行，整个雁群飞行的路程非但不会缩短，反而要比单只大雁飞行的距离长 73%。那它们为什么还要这样飞行呢？

科学家们进一步研究得知：当一只大雁拍击翅膀时，就会为后面的大雁制造上升气流。当领头的大雁疲劳时，就会轮换到 V 字形队伍的尾部，让另一只大雁占据领头的位置。后面的大雁发出“呷呷”的叫声，给前面的大雁鼓劲。大雁无论何时掉了队，马上就会感到独自飞行的阻力，很快会回到队伍中来。最后，当一只大雁由于生病或受伤而掉队时，会有两只大雁随它一起飞落到地上，帮助和保护它，直至受伤的大雁伤势好转或死去。然后，它们会加入新的雁群，或者组织自己的队伍去追赶前面的雁群。

对于大雁来说，互相合作已不仅仅是一种精神，更是一种生存的技巧。在人类的生活中也一样，如果能够学会与人合作，肯定会大大提高办事的效率。

要学会生活，必须先学会合作。在合作的过程中，孩子会渐渐学会如何协调自己与他人的利益，使得整体活动得以顺利进行。所以，做父母的应该尝试着培养孩子与朋友、同学，甚至陌生人，为了同一个目标而合作。告诉孩子，团结的力量可以战胜一切。

2．使孩子体验到“单独奋斗”的挫折感，明白合作力量大的道理

一位将军要施展他的军事指挥才能，就一定要有可供调遣的士兵，还要有作为对手的敌人。也就是说，承认别人就是认可了自身的价值。

日常生活中的很多事是必须两个或两个以上的人配合才能够完成的。为了便于孩子理解，父母可以告诉孩子：“在幼儿园，

如果每个小朋友各自霸占一小堆积木是堆不出什么好看的造型，而大家合作，充分利用积木，就能共同砌出各种好看新奇的造型。”帮助孩子从某些小失败中理性地分析出原因，有助于孩子体会到合作的必要性。

3．让孩子有成功合作的体验

成功合作的体验是强化孩子的合作意识，养成合作习惯的持久的内部刺激物。它使孩子们在没有大人督促，没有规则要求的情况下，因为能够预见到美好的前景而持续地参与合作。需要指出的是，成功合作不是一定要达成现实的目标。尽管有的合作最终还是失败了，但合作的过程是令人愉快的，参与者都已经尽力而为，从客观上说大家其实都有所收获，这样的合作仍然是成功的合作。

4．教会孩子参与合作的技能

合作意味着参与者的个性要服从集体的“共性”，意味着参与者必须约束自己的表现欲以求得整体“合力”的最大化。合作需要有爱心的付出，需要牺牲精神，还需要人际交往的技能。如果缺乏这些素质，合作便是不愉快的，也是不能持久的。在合作中的参与者如果各自心怀局部利益，不愿意尽自己的那一份义务，那么必定不能达成现实的目标，更谈不上成功合作。

梭子鱼、虾和天鹅，出去把一辆小车从大路上拖下来。三个家伙一起负起了沉重的担子，它们用足劲儿，身上青筋暴起，但是无论它们怎么拖呀拽呀，小车还是在老地方一点儿也没有移动。

这并不是因为小车重得动不了了，而是另有缘故：天鹅使劲往上向天空提升，虾一步一步向后倒退，梭子鱼又朝着池塘拉去。

这个寓言说明，任何一种事物都是由许多相互联系、相互制约的要素组成的，当各种相互作用、相互依赖的要素彼此协调、

合作、同步一致地向同一目标运动时，就会形成整体合力，就会产生大于各个要素孤立相加的力量。而当他们互不合作，各自往相反的方向作用时，则会产生小于单个的力量。

人们生活在一个普遍联系的世界，科学技术和信息网络已经把地球的每一个角落都纳入整体。可以这样说，每一个孩子的成功都取决于和别人打交道的程度。是不是习惯于与他人交往、同他人合作，在很大程度上决定了孩子的发展空间。

5．让孩子学会悦纳别人

所谓悦纳别人，是指自己从内心深处真正愿意接受别人。合作是双方长处的珠联璧合，也是双方短处的相互遏制，只有欣赏对方的长处，合作才会有真正的动力和基础。

讲给孩子的故事

七根木棍

一个老国王有七个儿子，但他们总是不合，经常为了这样那样的小事争吵。一些奸臣希望挑拨七兄弟的关系，以便等到他们的父王死后可以夺取王位。

老国王知道了这个阴谋，临终前把七个儿子叫到了跟前，指着放在他们面前捆在一起的七根木棍说：“谁要能把这捆木棍折断，就能得到王位。”

每个人都想得到王位，都使出了全身的力气去折那捆木棍，脸憋得通红，但没有一个人能把这些木棍折断。

“孩子们，其实要折断这些木棍很简单，我现在老了，但是即使像我这样的人都能折断这些木棍。你们看！”老国王说着，将木棍捆儿打开，很轻松地就将它们一根一根地折断了。

儿子们这才恍然大悟，“这样做太容易了，如果这样，每个人都能做到。”儿子们说。

他们的父亲这才说出了真正想说的话：“我的孩子们，其实你们就像这些木棍，只要你们团结在一起，互相帮助，你们就会很强大，任何人都不能够伤害你们。但是如果你们分开，任何人都能把你们一个一个地折断。我就像捆这些棍子的绳子，活着的时候还能把你们捆在一起，但是我就要离开你们了。离开了捆绑你们的绳子，你们还能团结在一起，互相帮助吗？”老国王语重心长地说。

儿子们终于明白了父王的良苦用心，七双手紧紧地握在了一起。看到儿子们这样团结，老国王放心地离开这个世界了。

告诉孩子

每个人都有长有短，而合作却能够取人之长补己之短。这就是为什么有时候1 + 1 > 2 的道理。

19

让孩子征求别人的意见

做人处事箴言

自尊和尊重他人，是一种健康的心态，是现代社会里最重要的人格品质。一个自尊的人，应当会尊重他人。不尊重他人，实际上就是不尊重自己，也不能得到他人的尊重。成人如此，孩子也是如此。

周末，表哥到龙龙家玩，两个人玩得很开心。

傍晚，妈妈见龙龙死死地抱着电话机，不让表哥打电话。原来，龙龙想让表哥留在家里吃饭，但表哥不想，要打电话告诉家人回家吃，龙龙死活不放表哥走。

妈妈听了原因，笑着说："你留表哥吃饭是好心，但每个人都有自己喜欢和不喜欢做的事，你不喜欢的事，我们强迫你去做，你也会不高兴。我们应该尊重你表哥的意见。你可以先问问表哥，愿不愿意留下来跟你一起吃饭。如果表哥不愿意，我们是不能勉强的。"

于是，龙龙抽泣着问表哥："表哥，我想你在我们家一起吃饭，好吗？”见龙龙这么诚恳，表哥最后也答应了。

延伸阅读

教孩子懂得尊重别人

如今，孩子是每个家庭的宝贝，尤其是家里有老人的，一切都是孩子说了算。于是，孩子在外面也肆无忌惮地霸道起来，日积月累，孩子心里会认为别人听他的是应该的。

然而，学会尊重他人，是孩子一种必备的品德。只有尊重他人的孩子，才可能正视他人的意见。不知道尊重他人的孩子，长大后很可能与社会处于一种隔离状态。

尊重，是人际关系的起点：不尊重他人，也就无法赢得他人的尊重，甚至不可能产生信任。所以，不懂得尊重别人的孩子是很难交到朋友的。

人的需要是多方面的，在吃饱、穿暖和安全的需要得到基本满足时，人们最迫切、最普遍的愿望是获得尊重和认可。很多父母为孩子支出从不吝啬，孩子的物质要求，几乎是满足的，但父母很少对孩子进行关于爱和尊重的教育，以致很多孩子都不懂得尊重别人。

在学校里，很多孩子常常讥笑长得很丑的同学，甚至给人取一些侮辱性的绰号，像什么“丑八怪”、“肥猪”、“癞蛤蟆”等等。

取笑别人是一种幸灾乐祸的表现。一个爱取笑别人、捉弄别人的人是不美的。因为他不理解别人，不能体会别人的心理感

受；不懂爱惜别人，甚至自己的尊严。不懂得尊重别人实际上是对自己尊严的最大侮辱。

孩子们往往容易把那些与自己兴趣爱好不同，在某些问题上与自己的看法不同的人视为异端，在背后议论他们的缺点，把他们排除在自己的小团体之外。这种做法会使孩子的心胸变得越来越狭窄，越来越难协调各种人际关系。父母要注意纠正这种认识上的偏激，指导孩子看到别人的长处和优点，从而彼此交流，取长补短。

具体来说，教孩子懂得尊重他人，父母可从以下几个方面入手：

1．教孩子学会微笑面对他人

教孩子尊重他人，先要教孩子学会笑着面对他人。笑着面对朋友，朋友会更喜欢你；笑着面对敌人，敌人会自惭形秽。学会微笑面对他人是尊重他人的第一步。彬彬有礼体现的不仅是孩子极具亲和力的外表，还有其内涵。

2．父母要成为孩子的榜样

父母本身的态度，对孩子的影响十分重要。父母身体力行地尊重别人，替别人着想，孩子看在眼里，自然会记在心里。另外，父母之间互相尊重，常说“谢谢”、“对不起”、“请”，买了好吃的要先请老人吃等，会在潜移默化中给孩子以良好的影响。

3．尊重别人的所有权

帮助孩子分清哪些东西是自己的，哪些是别人的。教育孩子关心他人，尊重别人的所有权，并使其初步懂得为什么要这样做。自己的心爱之物，欢迎别人来参观，共同分享快乐，如带玩具去幼儿园，请小朋友到家里来玩。别人的物品不要随便取用，别人的东西不能占为己有，更不能去抢，去损坏，这些行为是错误的，学会控制自己的行为，并懂得为什么要这样做。

4. 让孩子学会换位思考

孩子出现不尊重别人的行为，有时是因为好奇，有时是想开个玩笑，有时则是盲目地跟从别人的行为，他们并不理解这样做的后果。让孩子明白，发生在别人身上的情况，也有可能发生在自己身上，如果真的发生在自己身上，自己又会有何感受？让他设身处地地体会到不受别人尊重的感受。

5. 要让孩子尝到不尊重人的后果

一般情况下，当孩子出现不尊重人的举动时应及时适当惩罚，或制止他正在进行中的游戏，或把已经放在购物车内的糖果退回货架。如果当时的情况不允许，也应让他稍后体会到不尊重人的后果，例如：“你今天说了不尊重人的话，今晚就不能看动画片了。”父母在行使惩戒职能时一定要做到言出有信。

此外，要求孩子学会尊重别人，父母首先要尊重孩子。让孩子帮忙最好说：“请你……”最后，还要记得说声“谢谢”。有什么影响孩子的事，父母也要与孩子商量，比如：“我们换个频道看好吗？”

讲给孩子的故事

金钱与尊重

有个富翁因得不到旁人的尊重而苦恼不已，总想找机会得到众人的敬仰。

一天，富翁看到街边有个衣衫褴褛的乞丐，心想机会来了，便在乞丐的破碗中丢下一枚亮闪闪的金币。

谁知乞丐忙着捉虱子，连头也不抬。富翁不由生气：“你眼睛瞎了？ 没看到我给你的金币吗？ ”

乞丐仍没抬眼，答道：“给不给是你的事，不高兴可以拿回去。”

富翁大怒，意气用事起来，又丢了十个金币在乞丐的碗中，心想他这次一定会趴着向自己道谢，却不料乞丐仍是不理不睬。

富翁暴跳如雷：“我给你十个金币，你看清楚，我是有钱人，你应该尊重我一下。”

乞丐懒洋洋地回答：“有钱是你的事，尊不尊重你则是我的事。”

富翁急了：“那么，我将我的财产分给你一半，能不能请你尊重我呢？ ”

乞丐翻着一双白眼看他：“给我一半财产，那我不是和你一样有钱了吗？ 为什么还要我尊重你。”

富翁更急了：“那我将所有的财产都给你，你总该尊重我了吧。”

乞丐大笑：“你将财产都给我，那你就成了乞丐，而我成了富翁，我凭什么来尊重你？”

告诉孩子

尊重与金钱是不能划等号的，尊重也是金钱买不到的。

20

让孩子别乱发脾气

做人处事箴言

告诉孩子，在遇到较强的情绪刺激时应强迫自己冷静下来，迅速分析一下事情的前因后果，再表达情绪或采取消除冲动的“缓兵之计”。这样，才能尽量使自己不陷入冲动鲁莽、简单轻率的被动局面。

妈妈正在厨房做饭，浩浩突然怒气冲冲地跑回来了。孩子小拳头攥得紧紧的，嘴里喘着粗气，还生气地说狠话：“你跑得快，看你晚上回不回家。等你晚上回来我非咬你一口，让你也知道我陈浩不是好欺负的！”

“怎么了，儿子？看你怒气冲冲的，像个要吃人的小狮子，到底是什么事情，是谁惹你生气了？来，坐下，好好跟妈妈说说。”

“我在门口玩气球，那只讨厌的死猴子抢了的气球就跑了，我怎么追也追不上。”

“噢，怪不得你那么难过呢，原来如此啊。”妈妈已明白是邻居家的侯跃和浩浩闹矛盾了。

“周围那么多人，他让我很丢面子。”孩子委屈。

“侯跃这样做是不礼貌，周围人多大家肯定都看到了。但他不对，你没必要生气惩罚自己呀，是不是？”

见孩子的情绪有所缓和，妈妈接着说：“你知道侯跃为什么对你不礼貌吗？是不是你平常叫他猴子，他也觉得很没面子呢？”

在妈妈的诱导下，浩浩终于意识到了自己不对的地方，情绪也缓和过来了。

延伸阅读

教孩子学会控制情绪

孩子有自己的世界，他们也会遇到形形色色的人和事。由于孩子缺乏阅历，认识肤浅，处理问题时往往容易急躁、冲动，不能克制自己。同时，由于孩子对别人缺乏理解，稍受委屈就大发脾气，怨天尤人。

冲动的情绪是最无力的情绪，也是最具破坏性的情绪。许多人都会在情绪冲动时做出使自己后悔不已的事情来。青少年的愤怒和冲动往往会造成难以挽回的后果，有时这种后果甚至要以人的一生为代价。许多青少年犯罪事实了证实了这一点。因此，父母们必须让孩子懂得控制情绪，合理宣泄，体量他人，帮助他们明确愤怒与冲动会带来的恶果，从而使他们健康地成长。

1. 让孩子合理宣泄情绪

让孩子在心理失衡的时候，找机会向同学、朋友、亲人或

心理医生倾诉自己的苦闷，使郁积在心中的不良情绪得以发泄，使压抑的心情得到缓解；或采取痛哭的方式，以释放积聚的能量，排出体内毒素，调整机体平衡；或以日记、书信等方式，排遣不良情绪。

2. 教孩子学会理解别人

有时孩子觉得委屈、愤怒，其实是因为他并不了解对方的实际情况。例如同学由于考试没考好挨了父母的骂，结果取消了与孩子一起看电影的约会，孩子很生气。这时父母就要告诉孩子学会理解和体会别人的处境和感受。孩子明白了，自然会控制自己的情绪。当然，如果孩子真正了解了对方，他也就不会再生气了。

3. 教给孩子正确的处事态度

做人要严以律己，宽以待人。对别人的缺点、错误，要从关怀、爱护的角度出发，同时严格要求自己，这是搞好人际关系不可缺少的条件。因此，教给孩子正确的处事态度很重要。这样，即使一时克制不住愤怒甚至冲动，也决不至于做出伤害他人、有损他人的事。

3. 教育孩子适时脱离刺激环境

先从量上减少愤怒和冲动的次数。量减少到一定程度，就会发生质变，就会从根本上克服这种消极的激情。让孩子认识到，若愤怒和冲动已经发生，就应强迫自己立即脱离刺激环境以使情绪迅速冷静下来。脱离刺激环境很重要。有时，愤怒失去了理智，总是一错再错，错开了头便不可收拾。暂时脱离环境，让情绪平定下来，然后再回头去看问题，情形就会不同。这也是对别人的一种理解和宽容。

4. 培养孩子博大的胸怀

有些孩子，之所以难以和别人好好相处，往往是因为自身的性格弱点。如，与人交往时，喜欢充当核心，一旦不能居为社交中心时，就会发脾气。对有性格弱点的孩子，家长要悉心引导。在孩子面前，对获得成功的人要多加赞美，并热情鼓励孩子虚心学习他人的长处，积极支持孩子通过自己的努力超过别人，战胜自己。

5. 让孩子学会转移注意

当情绪恶劣时，有意识转移话题或做点别的事情来分散注意力，就可使情绪得到缓解。例如，让孩子听听音乐或看看电影、电视、小说，也可以下下棋或进行一些体育活动，使情绪得到缓解。

被别人无聊地讽刺、嘲笑时，顿显暴怒，反唇相讥，很可能使双方争执不下，怒火越烧越旺。如果此时父母能提醒孩子冷静一下，采取理智的对策，如用沉默为武器以示抗议，或只用寥寥数语正面表达自己受到的伤害，指责对方无聊，反而会使对方感到尴尬无趣。

讲给孩子的故事

宰相肚里能撑船

从前，有一个宰相请一个理发师理发。理发师给宰相理发时过分紧张，不小心把宰相的眉毛给刮掉了。他顿时惊恐万分，深知宰相必然会怪罪下来，那可吃不了兜着走呀！他不禁暗暗叫苦。

理发师是个常在江湖上行走的人，深知人之一般心理：盛赞之下无怒气。于是他情急生智，连忙停下剃刀，故意两眼直愣愣地看着宰相的肚皮，仿佛要把宰相的五脏六腑看个透似的。

宰相见他这模样，感到莫名其妙。迷惑不解地问道：“你不修面，却光看我的肚皮，这是为什么呢？”

理发师装出一副傻乎乎的样子解释说：“人们常说，宰相肚里能撑船，我看大人的肚皮并不大，怎么能撑船呢？”

宰相一听理发师这么说，哈哈大笑：“那是宰相的气量最大，对一些小事情，都能容忍，从不计较的。”

理发师听到这话，“扑通”一声跪在地上，声泪俱下地说：“小的该死，方才修面时不小心将相爷的眉毛刮掉了！相爷气量大，请千万恕罪。”

宰相一听哭笑不得：眉毛给刮掉了，叫我今后怎么见人呢？不禁勃然大怒，正要发作，但又冷静一想：自己刚讲过宰相气量最大，怎能为这小事，给他治罪呢？

于是，宰相便豁达温和地说：“算了，你去把笔拿来，把眉毛画上就是了。”

告诉孩子

在你生气的时候，数到十再说话；非常生气的时候，数到一百再说话。有些事不去计较，就不会生气了。

21

让孩子学会维护自身的利益

做人处事箴言

告诉孩子拒绝别人的注意事项：当你必须拒绝对方时，一定要注意，千万不能使对方觉得难堪，更不能伤害对方的感情。如果你能够照顾对方的感受，让对方明白你的苦衷，那么，就算你没有答应对方的要求，对方也不会怪你，甚至还会因为你的坦诚相告，更加佩服你。

彬彬是个腼腆温顺的孩子，他从不和小朋友争东西。哪怕是他自己的东西，只要别人来玩，他就会默默地放弃。

彬彬拿着他的小滑车出去玩了。小伙伴们对他的小车都很感兴趣。彬彬就站在一边眼巴巴地等，看着小朋友一个接一个轮番上车。好不容易，车子还回来了。可是彬彬的手刚握到他的小车，脚还没跨上去，又有一个小孩叫着要玩小车。那孩子的奶奶不由分说就把孙子抱上小车，推了就走。

彬彬妈妈觉得自己不能再袖手旁观了，必须教孩子学会拒绝别人，学会积极争取。不然，随着被掠夺次数的增多，彬彬肯定会越来越惧怕别的小朋友，这会使孩子越来越不合群。

车子又还回来了，马上就有一个孩子走上前去。妈妈走了上去，用手扶住车头，轻声问彬彬：“这是你的东西，如果你想玩，咱们就玩个够；如果你不想玩了，就给小朋友玩，好吗？”彬彬的脸上写满了渴望，但眼里却充满犹疑。他看了看旁边的小朋友，好像有一种无形的压力。他低着头，一声不吭。妈妈耐心地鼓励他，等待他的回答。终于，彬彬迟疑地说：“我要玩。”

妈妈把车子给了他，小朋友们退到了一边。

延伸阅读

教孩子学会拒绝别人

生活中，很多人都不懂得怎样拒绝别人，很多为人父母的人也认为拒绝别人是件很难办的事。当别人对他们提出要求时，他们不好意思拒绝，害怕这样会伤害对方的感情，从而使两个人的关系疏远。但是，有时自己实在无法完成对方的请求，或者即使能够做到，也会给自己带来损失。在这种情况下，要勇敢地拒绝。父母要培养孩子学会拒绝。

当然，在拒绝别人的时候，父母一定要告诉孩子，学会照顾对方的感情，尽量不要使双方的交情因此而受到影响。可以说，如何拒绝别人是一门学问，并且是一门需要孩子认真体会的学问。要学好这门学问，就要让孩子谨记：在拒绝别人时，一定要顾全对方的面子。

丽丽穿好衣服准备跟妈妈到游乐场玩，邻居家的小雨点却一

脚踏进丽丽家，摆弄起丽丽的玩具。丽丽迫不及待地推小雨点出门：“你快走吧，我们要走了！”惹得小雨点两眼泪汪汪。

如果在拒绝别人时，让对方丢了面子，那么，对方必然会心生怨恨，这势必会影响今后的交情。但是，如果能教孩子以巧妙的方式拒绝对方，让对方既能很好地明白孩子的苦衷，又不觉得自己的面子受损，那么，孩子就算是掌握了拒绝之道了。

朋友之间有事相托相求是很正常的。只是，有的朋友相托之事会超出原则范围和客观现实。正如磊磊妈告诉磊磊的那样：有的朋友托你办的事超出了你的承受能力，是你无能为力的；还有的朋友托办的事是违反你的主观意愿的等等。遇到此类情况，你应该果断地说一声“不”，拒绝朋友的请求。不要认为自己这样很绝情，其实这样做恰恰是为了维护你们之间的友谊。

磊磊问妈妈为什么要这样？妈妈告诉他：首先，违反原则的事，你若干了，将来肯定会受到处罚；其次，超越你承受能力的事，你无能为力，如果不说明情况予以拒绝，反而会因为事办不成而伤害彼此友谊；再次，有违你意愿的事你不拒绝，会影响你与其交往的情绪，也会妨碍你与朋友之间的友情的发展。

在拒绝朋友时，应该讲究方式方法，不可态度生硬，冒冒失失。在这种情况下，常用的方法有：第一，耐心地劝阻，言明利害关系；第二，向朋友详细地说明自己的实际情况，让他理解你的难处与苦衷；第三，用迂回婉转的方式处置，巧借其他方法，完成朋友委托之事。

父母应让孩子明白，拒绝别人，不能把话完全说死。人都是有自尊心的，一个人有求于别人时，往往都带着惴惴不安的心理，如果一开口就说“不行”，势必会伤害对方的自尊心，引起对方强烈的反感，而如果话语中让他感觉到“不”的意思，从而委婉地拒绝对方，就能够收到良好的效果。

一个父亲这样教导儿子：要拒绝、制止或反对对方的某些要求、行为时，先不要急着拒绝对方，因为你应该尊重对方的愿望，从头到尾认真听完对方的请求。先说一些关心、同情的话，然后再讲清实际情况，说明无法接受要求的理由。由于先说一些让人听了产生共鸣的话，对方才能相信你所陈述的情况是真实的，相信你的拒绝是出于无奈，因而也能够理解你的。拒绝对方，你还可以幽默轻松、委婉含蓄地表明自己的立场，那样既可以达到拒绝的目的，又可以使双方摆脱尴尬处境，活跃融洽气氛。

学会拒绝他人，关键要态度和蔼。不要在他人刚开口要求时，就断然拒绝他：不要对他人的请求迅速采取反驳的态度，或流露出不高兴的表情，或者去藐视对方，坚持永不会妥协的态度等，这都是不妥当的方式。应该以和蔼可亲的态度诚恳应对，让别人可以接受的方式。

拒绝对方时，要明确说出事实。尽量避免模棱两可的说法，如“我再考虑考虑”等，这样会导致对方摸不清你的真正意思，而产生许多误会，这就容易使彼此之间产生隔膜，关系越来越淡。

讲给孩子的故事

华歆巧妙拒礼

三国时期有个叫华歆的人，在孙权手下时，名声很大。曹操知道后，很想将他拉到自己的身边，于是，便请皇帝下诏招华歆进京。

听到华歆启程的消息，亲朋好友千余人前来相送，送来了几

百两黄金和很多礼物。华歆不想接受这些礼物，但他想如果当面谢绝，肯定会使朋友们扫兴，伤害朋友之间的感情。于是他便暂时来者不拒，将礼物统统收下来。并在所收的礼物上偷偷记下送礼人的名字，以备原物奉还。

华歆设宴款待众多朋友，酒宴即将结束的时候，华歆站起来对朋友们说：“我本来不想拒绝各位的好意，却没想到收到这么多的礼物。想我单车远行，有这么多贵重之物在身，诸位想想我是否有点太危险了呢？”

朋友们听出了华歆的意思，知道他不想收受礼物，又不好明说，使大家都没面子，他们内心里对华歆油然生出一种敬意，便各自取回了自己的东西。

告诉孩子

拒绝对方，也要给对方留一个退路，留一个台阶下，也就是说要给对方留面子，不伤到对方的自尊。

22

让孩子自己定规则

做人处事箴言

如今的孩子了解和认识社会的渠道越来越多，父母单拿自己的人生经验当权威来压制孩子只会加剧对立。其实孩子现在的不听话、叛逆，甚至是暴躁，很可能就是父母“高压”政策的结果。

叮当能说会道，妈妈说一句，他顶10句，且振振有词。

一次，叮当没把玩具收好就去看电视。妈妈说：“不收好不能看电视。”叮当就说：“我有权决定什么时候收拾玩具。”妈妈气得关掉电视不让他看，他就叫起来：“你不能干涉我的自由。”

妈妈发现，叮当的话“句句是真理”，且能维护他自己的权利，显然是他爸爸说话方式的翻版。妈妈深入思考得出结论，孩子的行为本质没有错，只是欠缺尊重父母，当然自己也得尊重孩子；家庭崇尚民主，对孩子的教育也应该是民主的。

后来，当叮当回答“我有权决定什么时候收拾玩具”时，妈妈便不再言语。事后与孩子讨论：妈妈希望你立即收拾玩具，你是否应该接受？你希望什么时候收拾玩具，是不是也应该告诉

妈妈？

最后，妈妈和叮当达成协议：睡觉之前一定把玩具收拾好。

延伸阅读

让孩子变得更听话

人的一切实践活动都离不开“听”，“听”是孩子直接获取信息的最为重要的实践能力。然而有很多孩子却听不进父母的话，让父母很是头疼。当孩子对你的话充耳不闻的时候，你该怎么办？怎么样才能使孩子更听话呢？

1．告诉孩子为什么要让他这么做

上幼儿园的孩子就已经懂得做一些事情的理由了，也会思考如果他不做，或不按时做，会发生什么事情。所以，当你要求孩子去做一件事的时候，最好先告诉他你为什么要他这么做。比如，孩子该洗澡了，你可以告诉孩子，如果他现在不能马上去洗澡，过一会儿就没有时间看书和听故事了。再比如，为了让孩子明白为什么他必须准时到幼儿园，你可以告诉他：“老师希望你们都能按时到幼儿园，这样谁都不会错过连续故事的下一集了。如果你迟到了，我上班也会迟到。”

2．避免一下子对孩子提出多个要求

生活中，很多父母经常一下子对孩子提出多个要求，而且语速很快。比如，有的父母会这样要求孩子：“该休息了，先把玩具收好，然后去刷牙、洗手、洗脸。别忘了换上睡衣再上床。记着关灯。”孩子往往很难记住所有的要求。所以，父母首先要使自己的要求简单化，提出要求后还要等30秒钟，看看孩子是否有回应，如果没有就再重复一遍。

3．给孩子一些时间

孩子也像成年人一样，别人命令他做事或者威胁他的时候，他总是故意拖拖拉拉。所以父母需要保持冷静，尽量避免用强硬的语气指使命令孩子。为了避免自己被激怒，父母在提出要求的时候，可以事先给孩子一些时间。比如，你可以对孩子说：“再画5分钟你就必须去洗澡了。”而最好不要说：“不要再画了，马上去洗澡！”否则，孩子就会认为你是在责备他画得时间太长了，毕竟孩子是在画画，而不是在胡闹。

4．在游戏中让孩子顺从

孩子大都喜欢把自己装扮成故事里的人物，而孩子一旦把自己想象成故事中的人物，往往就会向故事中英雄人物的行为看齐，往往就会变得礼貌听话。比如，有个孩子非常崇拜孙悟空，但由于胆小从来不敢和小朋友一起玩老鹰捉小鸡的游戏，因为他害怕被“老鹰”捉住。妈妈为了鼓励他和小朋友一起玩，就说：“悟空就很勇敢，他连妖怪都不怕，当然也不会害怕在游戏中被捉住。宝宝不是说要像悟空一样勇敢吗？”妈妈的话真管用，孩子一听就来了精神，说：“我是孙悟空，当然不害怕老鹰了！”妈妈只听见一声：“悟空来也！”就见孩子已经跑到“鸡妈妈”的身后了。

5．尽量不要以责备的方式要求孩子做事

不必抱怨孩子做得不好，父母应该尽量避免以责备的方式要求孩子做事。比如，当你看到孩子把玩具扔得到处都是的时候，与其质问他“为什么你把房间弄的这么乱”，还不如描述一下你所看见的现状，并给出建议：“我看见玩具到处都是，一不小心就会踩着、碰着。来，现在我们把玩具收好吧。”

6．夸奖孩子很听话

虽然孩子总是希望自己能不受约束，但他们也想使父母高兴，也想让父母觉得自己是个听话的好孩子。所以，当孩子能按要求把事情做得又快又好的时候，做父母的就不要过于吝啬对孩子的表扬。因为当孩子听到父母对他的行为表示赞赏的时候，他会非常高兴，他会觉得自己既没有受到约束又使父母高兴了。当然，以后他可能会做得更好。

讲给孩子的故事

不听劝告的下场

在一片大草原上，有一只野狐和一只野鹿，他们同住在一颗大树下。树因为风吹嫩枝被折断而打在野狐和野鹿的背上。野鹿没有感觉到什么，因为风吹而树枝折断乃是平常的事。可是野狐就忍耐不住了，打算迁到别处去。

临走的时候野鹿说："这颗大树能为我们挡风遮雨，更供给我们甜美的果实，你为什么要到别处呢？"

"不，我忍耐不住了，你认为好那你就住在这里好了。"野狐头也不回就走了。

野狐到了一个旷野，白天气候很热，到了晚上气候又变冷，它感觉到忽冷忽热很难受，住了几天便挨不下去了。当它要走的时候，另一只野鹿说："狐兄，你为什么要走？这里虽气候差些，但没有虎狼出没不是很安全么？"还有一只野鹿也对他说："世间没有十全十美的，到什么地方都有不愉快的事情，你还是安心的住下来罢。”

“不，这种忽冷忽热我已经忍受不了，我还是到别的地方去。”

野狐又到了一处翠绿的山坡上，这里气候好，环境优美就决定住在这里，住了没有几天，又想这里又不是很理想的地方了，因为这里有凶猛的狮子，也有阴险的豺狼，时时都听到他们吼叫的声音，使它心惊肉跳，可是贪图这里环境优美，勉强地住下来。

有一天它出去觅食时，被野狼抓住了。它这才懊悔为什么不听朋友的劝告，但已经晚了。

告诉孩子

当局者迷，旁观者清。我们应牢记这样的忠告：“听人劝，吃饱饭。”

23

让孩子记得说“谢谢”

做人处事箴言

如果你想让孩子成为一个懂得感恩的孩子，就要给他做出榜样。不管在什么时候，都不要忘记说一些感谢的话，或者做一些表示感谢的动作，比如拥抱、握手等。许多人对父母缺少关爱，不能善待老人，这些都会给孩子带来极其严重的不良影响。

一位妈妈带着 6 岁的儿子坐出租车。等妈妈付完钱下车后，儿子给妈妈提出这样一个问题：“妈妈，你给他钱，为什么迅说‘谢谢’呢？”

妈妈告诉孩子：“叔叔把我们送回家，车跑这么远的路，他很辛苦，我们不仅要给他钱，而且还要表达我们对他的感谢。对人多一分感激、多一分尊重，没什么不好的。”

在以后的日子里，孩子每次从出租车下来，或别人帮他做事情时，他都会说一声“谢谢”。

延伸阅读

教孩子学会感恩

一个人在与人接触的时候，别人不可能很快了解其人品、学识与能力，然而却能从其待人接物是否诚恳、有礼上看出其为人。如果孩子没有形成良好的礼貌习惯，会直接并且严重地影响到他的社会生活以及个人事业的发展。

父母应从日常生活中一点一滴的小事情做起，重视培养孩子的感恩意识，在家里经常对孩子说“你好、请、谢谢”之类的礼貌话语，并且在社会的交往活动当中也很注重孩子对别人表达感激之情。如果孩子得到他人的帮助，父母就会让孩子表达谢意。

教孩子学会说“谢谢”，其实就是在培养孩子常怀一颗感恩的心，教会孩子“滴水之恩，当涌泉相报”的道理。很多人都发现，现在的孩子自私、霸道，为他们做事情都没有回报，他们不懂得感激，更不知道珍惜。因此，品德教育就显得尤为重要。

那么，作为父母应该如何教孩子学会感恩呢？

1．通过生活小事引导孩子懂得感激

首先让他学会感激亲人给予他的一切，就会懂得感激在他成长过程中支持和帮助过他的每个人。懂得感恩的孩子，会更加珍惜眼前这美好、温馨、幸福的生活，他的脸上会洋溢着甜蜜和喜悦，做一切事情都会开开心心，不会产生抱怨情绪。试想一下，一个充满着激情活力、笑口常开，而又懂得感激的人，谁不愿意与他交朋友，并帮助和支持他呢？

2．给孩子创造表达感谢之情的机会

当家人过生日或节日时，提醒孩子说一句祝福的话，鼓励孩子为亲人准备礼物，比如自制贺卡、用自己的零用钱购买小礼物等来表达祝福与谢意，让他感受到能给别人带来快乐的同时自己也是非常快乐的。还可以在节假日里布置一些有关家务劳动的作业，让孩子独立地去完成，让孩子体会到父母维持这个家庭的不易，从而提高孩子的责任心，培养他们与父母之间的感情。

3．帮孩子回忆他人对自己的帮助

选择一个合适的时机，冷静地和孩子谈论一下，在这段时间里，家庭中的每个成员是如何互相帮助、互相关爱的，每一个人都为彼此做了些什么，让孩子能感受到每个人对别人的贡献有多大，帮助孩子更好地认识到，只有相互帮助和付出，才能得到自己需要的东西。

4．教孩子理解他人的情绪

父母要教孩子从小就应心存感激，对人体恤，能站在别人的立场上理解他人的情绪，使他小小的心灵存有一份真与善，从而使他内心变得更富足和美好。父母要让孩子在生活的物质条件上有些不足，这种些许的匮乏感，会激起他珍惜物力与福分之心。而感恩之心的最佳培养方式就是要从身旁小事做起，教孩子习惯说“谢谢”。

最后，请父母们牢记一点：孩子并不是天生就懂礼貌的，礼貌源于言传身教。孩子行为不端常常并非有意的，而是出于孩子的天真幼稚。当遇到这种情况时，如果你能耐下心来而不是雷霆火爆地大发脾气的话，你就能心平气和地教育孩子了。

讲给孩子的故事

请问你家有蜡烛吗

有一位单身女子刚搬了家，她发现隔壁住了一户穷人家，一个寡妇与两个小孩子。

一天晚上，忽然停了电，那位女子只好点起了蜡烛。没一会儿，忽然听到有人敲门。原来是隔壁邻居的小孩子，只见他紧张地问：“阿姨，请问你家有蜡烛吗？”女子心想：“他们家竟穷到连蜡烛都没有吗？千万别借他们，免得被他们依赖了！”

于是，女子对孩子吼了一声说：“没有！”正当她准备关上门时，那穷小孩展开关爱的笑容说：“我就知道你家一定没有！”说完，竟从怀里拿出两根蜡烛，说：“妈妈和我怕你一个人住又没有蜡烛，所以我带两根来送你。”

此刻女子自责并感动得热泪盈眶，将那小孩子紧紧地拥在怀里……

告诉孩子

懂得感恩的人，会去主动地去帮助别人，才会成为一个受人欢迎的人。

24

让孩子知道家里的困难

做人处事箴言

很多孩子在处理问题时，考虑得更多的往往是自己的利益和需要，却很少从对方的立场来看问题。所以他们常会觉得别人做得不对，不理解对方。倘若能教孩子换位思考，推己及人，以别人期待的方式来对待别人，那么，孩子就很容易与人相处了。

爸爸非常疼爱王瑞，孩子想要什么就尽量满足他。

开学初，爸爸花了 20 多元钱给王瑞买了一个漂亮的文具盒。可时间不长，文具盒的底部磨出了一点儿痕迹，王瑞就要求换新的。爸爸不答应，他就哭闹不止。

爸爸觉得再给他买一个新文具盒事小，孩子不知道体谅自己的辛苦可不是小事。最近厂里的效益不好，家里的生活都有困难，可孩子却一点儿都不为父母着想，爸爸很伤心。

爸爸决定和儿子进行一番畅谈。

爸爸说："爸妈都很爱你，希望尽量满足你的愿望。可是

我们家并不是很宽裕，需要花钱的地方很多。爸爸骑自行车上班那么辛苦，都没舍得换辆电动的。妈妈很多年都没买新衣服了。爷爷奶奶年纪大了，需要吃点营养品，可每次给他们买，他们都会说：‘给瑞瑞买点学习用品吧！’大家都很关心你，你有没有想过关心过爸爸妈妈和爷爷奶奶？”

王瑞低下了头：“爸爸，我不买文具盒了。我们一起攒钱，给你买辆电动自行车吧！那样你就不会太辛苦。我的旧文具盒还一样用。”

延伸阅读

教孩子学会“换位思考”

所谓心理换位，就是指当双方产生矛盾时，能够站在对方的角度上思考问题，思考对方何以会如此行事、如此说话。一个人如果能够做到这一点的话，就能够理解对方，就能够减少很多不必要的矛盾。

许多孩子只习惯于从自己的角度思考问题，而从不替别人考虑。要消除这种现象，父母就要教孩子学会“换位思考”。

换位思考的实质，就是设身处地为他人着想，即想人所想，理解至上。人与人之间少不了谅解，谅解是理解的一个方面，也是一种宽容。我们都有被“冒犯”、“误解”的时候，如果对此耿耿于怀，心中就会有解不开的“疙瘩”；如果我们能深入体察对方的内心世界，或许能达成谅解。一般说来，只要不涉及原则性问题，都是可以谅解的。谅解是一种爱护，一种体贴，一种宽容，一种理解。

爸爸在做家务事时，妈妈总是有诸多的“指示”，爸爸对此甚是烦恼。

一天，爸爸见妈妈正在厨房炒菜，突然灵机一动，计上心来。

“锅还没烧热，等一会儿再把油放下去。”“当心油溅到身上。”“火太大了，赶快，快呀。”“炒动一下啊，不然会烧焦的。”“现在放佐料下去。”“加水。”“嗨，怎么加这么点水呢，太少了，一会儿就会烧干的。”“好了，现在盖上锅盖，让它焖一焖。”“哎，锅盖盖歪了！”爸爸对正在烧菜的妈妈指点着。

“你别在这嚷嚷行不行？！”妈妈生气地说，“我又不是不知道怎么烧。”

“你当然知道，”爸爸答道：“我不过是想让你知道，我在做事时，你在旁边唠唠叨叨的，我的感觉如何。你现在也知道烦了？”

很多事情站在对方的角度上想想就容易理解了。

会下棋的人都会考虑，我这样，对方会怎样应对，对于对方的应对，我又应当如何回应。处理生活中的问题也是如此，能够“心理换位”，能够站在对方的位置思考，能够设身处地地多为对方设想，许多矛盾就都容易化解了。

站在父母的角度上考虑，就会理解父母的良苦用心；站在老师的角度上思考，就会理解老师的艰辛；站在同学的角度上思考，就会觉得大多数同学是可爱可亲可交的。所以，教孩子学会心理换位是非常必要的。

父母教孩子懂得换位思考，不妨把球踢给孩子。具体来说，可分以下步骤：

1．先问孩子发生了什么事

孩子与别人发生了矛盾，父母不妨让孩子自己讲述事情的经过。开始孩子往往带着自己的感情色彩，且情绪都较激动，但通过倾诉和父母耐心的倾听，他们的激动情绪已得到了相对缓解。

2．问孩子觉得对方错在哪里

孩子讲明了事情的经过，接着要问孩子觉得对方错在什么地方。这时孩子往往会把责任推给对方，这是一个可以理解的必然程序，也是为下一步做必要的铺垫。

3．让孩子站在不同的角度看问题

紧接着问孩子“如果你是他，你觉得应该怎样处理这件事”。这时就看孩子如何进行换位思考了。当孩子站在对方角度时，往往开始意识到对方行为的合理性和自己的偏颇，对自己的行为已不那么理直气壮了。

再问孩子“如果他是你，他该怎么办”。当把对方换成自己后，经过进一步的换位思考，这时孩子已经能较全面地考虑双方的需要，理解或谅解对方的行为。

接着再问孩子“如果你是妈妈，你会怎么解决这件事”。这时孩子往往已经不生气了，大都能意识到自己的错误，纠纷已经不了了之。这时父母可以再趁热打铁，教孩子宽以待人、严以律己，妥善处理日常纠纷和矛盾。

父母的理解和倾听，不仅能化解孩子的不良情绪，帮孩子理清与伙伴之间的纠纷，且可以让孩子学会辩证地分析问题，面对生活中的各种纠纷。

这种换位思考实际上就是人对人的一种心理体验过程。将心比心，设身处地，是达成理解不可缺少的心理机制。它客观上要求我们将自己的内心世界，如情感体验、思维方式等与对方联

系起来，站在对方的立场上体验和思考问题，从而与对方在情感上得到沟通，为增进理解奠定基础。换位思考既是一种理解，也是一种关爱。

讲给孩子的故事

小猪与绵羊、乳牛作邻居

一只小猪、一只绵羊和一头乳牛成了邻居，小猪住在绵羊和乳牛两家之间。

有一次，牧人捉住小猪，它大声嚎叫，猛烈地抗拒，吵得绵羊和乳牛不得安生。

绵羊和乳牛都很讨厌小猪的叫声，便说：“主人常常捉我们，我们并不大呼小叫。哪像你，一点都不坚强！”

小猪听了回答道：“捉你们和捉我完全是两回事。主人捉你们，只是要你们的毛和乳汁，但是捉住我，却是要我的命呀！”

告诉孩子

人与人之间的立场不同，所处的环境不同，往往就很难理解对方的感受。因此，当别人遇到了失意、挫折和伤痛，我们要有一颗宽容的心，尽量给予对方关怀和理解。

25

让孩子发现别人的“闪光点”

做人处事箴言

从点滴小事做起，用真诚的赞美给孩子更多前进的力量，也教会孩子去真诚地赞美别人，会让孩子为自己赢得更多的自信与他人的称赞。

菲菲妈妈认为，在赏识中成长的孩子会更自信！所以，她常常提醒自己要赞美孩子，要发现孩子的闪光点。

无形中，菲菲就传染了妈妈这个“毛病”。有时候，妈妈画一张画，菲菲就会跑过来说：“真好看！”有时候，妈妈和菲菲一起做墙饰，剪上几朵小花，贴上几片树叶，也会得到菲菲的一片赞美。还有，妈妈讲故事，给菲菲梳小辫，都会听到她的赞美。这个时候，妈妈总是开心而满足的！

延伸阅读

教孩子学会赞美别人

有人说，赞美是语言钻石。向别人传递一个真诚的赞美，能给对方的心灵带来光明。赞美别人应是一种习惯，这种习惯应该从小就开始培养。

赞扬可以奇迹般地激励他人，使其在生理上和心理上都振奋起来。作为父母不仅要多赞扬孩子，更应该鼓励孩子学会真诚地去赞扬别人。

我们每个人，不管在什么时候，在什么地方，都非常喜欢受到别人的赞扬。因为别人的赞扬是表示自己的人生价值得到了承认，我们会乐意把事情做得更好。真诚赞美他人的人，必定是自信的人，只有自信的人，才勇于承认别人的长处。那么，会赞扬别人的孩子，既懂得欣赏别人身上存在的优点，又有宽容、大度的涵养。

让孩子学会把赞美送到朋友的心中，因为这样一来能让朋友从他短短的三言两语中体会出他真心的关注，能让朋友从话语中觉察到他在对方心目中存在着的那种欢乐和满足。这样，孩子也会更容易得到同龄人的青睐和赏识，然而或许就在这三言两语中孩子已经为自己拓出了一条为朋友所接受和欢迎的人际交往的通道，这对孩子而言是掌握了一种非常积极有效的交际方式。因为对相识短暂、相知甚少的人来说，多赞美他们可以更早地跨入彼此友谊的“大门”，而对于老朋友来说，则可以在这样的问候中更增添彼此的

信赖和默契。

有人说过，有时候我们对待孩子，要“昧着良心说好话”。初听这句话，觉得有些偏激，细想想来，觉得如果出于爱，出于内心的赏识，有意识地夸赞一个孩子，夸到他“灿烂发光”，有时真的能奏奇效。

那么，怎样让孩子学会赞美别人呢？

1．赞美一定要真诚

赞美绝不是虚伪的胡乱夸赞，一定要真诚。如果别的同学把事情搞砸了，你却“不失时机”地赞美道：你做得真好，我想做还做不到那个样子呢。这个时候，赞美就变成一种讽刺了。不真诚的赞美往往会起反作用，不但不会使别人舒畅，反倒会伤害别人。

实际上真诚的赞美与虚伪的谄媚有着本质区别：前者看到和想到的是别人的美德，而后者则是想从别人那里得到非分的好处。只有真诚赞美别人的人才能真正得到别人的爱。

2．赞美要有依据

赞美绝不是阿谀奉承。教孩子赞美别人不能毫无根据，只是说：“你真是太好啦！”那毫无意义。所以，一定要赞美事情本身，这样对别人的赞美才可以避免尴尬、混淆或者偏袒的情况发生。比如，你可以告诉孩子这么说：“奶奶你做得饭真好吃。”不要只是说：“奶奶你真是好奶奶。”

3．用话语直接赞扬

赞扬不同的人应当采取不同的方式。赞扬同学就应用平等、热情、情不自禁的口气。比如赞扬同学的作业写得整齐，就该说：“你的字写得真好，我要是也写得那么好就好了。”这样既平等，又真实，充满羡慕，让别人觉得很舒服。即使被赞美者知道自己的字写的没那么好，也会对称赞者平添一份友好的感情。而赞美长辈则应怀着敬佩、尊重、学习的心情。

4. 用肢体语言来赞美

我们可以教孩子用具体明确的语言、表情称赞对方的行为，也可以教孩子以眼神、动作、姿势来赞美和鼓励别人。一般的人对表情的感受远远超过对语言的感觉。在很多场合，人的表情在多数情况下是下意识的，装也装不像，虚伪的成分少。比如，可以用微笑、惊叹，或是夸张的瞪大眼睛表示对别人的能力倾慕和敬畏，这种方式是容易被对方接纳的。此外，如果想让孩子有赞美别人的习惯，父母首先要学会赞美孩子。比如，有个孩子学习成绩一直较差，他感到十分自卑。一次期末考试，他的成绩侥幸有所提高。这时，他的父母给了他充分的赞扬和鼓励。这次意外的好成绩却使他重新找回了自信，学习不断进步。

有人说："教的曲，唱不得。"而事实是，如果没有人教，那就没曲可唱，任何事物的发展都是建立在一定基础上的。父母如果想让孩子长大后能很好与人沟通，会得体地表达自己的心声，就从小培养孩子赞美的能力。语言是一种艺术，语言运用得体的人，会有一种特殊的魅力。

最能打动一个人的，莫过于对其才能的认可和高度评价。"会赞他人者，人恒赞之"。真诚赞美他人，既激励了他人，又方便了自己，何乐而不为呢？

讲给孩子的故事

你真漂亮！

一位正在读中学的女孩，长得并不漂亮，性格也很内向，成绩不好，更不招人喜爱。有一天，不知什么缘故，班上的一位长得还不错的男孩与这位女孩聊起了天，也不知道他们在聊到什么话题时，男孩颇带善意地赞美了女孩一句："你真漂亮！"此后，不知不觉地，这位女孩的性格奇迹般地变得活泼开朗起来，与同学们的交往也多了。这使得班上的同学逐渐改变了对这个女孩的看法。

后来，女孩的学习成绩也随之变好了，并跃到了班上的前几名。

告诉孩子

我们的赞美能使别人更加自信，而我们却没什么损失，那我们为什么还要吝惜自己的赞美呢？

26

让孩子学会自立

做人处事箴言

父母爱自己的孩子是正确的，但是不能事事都替孩子做，要培养孩子自己做事的习惯。

平时应该给孩子提供一些独立做事的机会，不要老是包办代劳。要知道，你越是担心孩子，他愈是无法独立。

妞妞每天都会因为妈妈上班而哭鼻子，只要看到妈妈拿包出门，就抱着妈妈不让走。

一天，妈妈急着上班，却又被妞妞发现了，妞妞哭闹：“不让妈妈走！不让妈妈走！”妈妈拿起一个洋娃娃递到她手里，对她说：“妈妈一会儿就回来了，你先喂饱这个娃娃好不好？她还没吃饭呢！”妞妞根本听不进去：“不！不！我不要妈妈走！”接过洋娃娃，将洋娃娃摔在了地上。“再不走，妈妈就要迟到了，快找奶奶去。”趁奶奶过来抱妞妞时，妈妈赶紧出了门。

每天如此，妈妈多么希望妞妞能对她说“妈妈，你去上班吧，我跟奶奶玩”。可什么时候才能实现呢？

妈妈开始刻意培养妞妞的自立能力。

都在家时，妈妈让妞妞一个人玩，但保证妞妞可以常看见自己。这会使妞妞在妈妈不在家时想到：现在妈妈不在，过一会儿会回来的，等着吧！

早上，妈妈会早早起床，做好上班的准备后，再和妞妞玩一会儿她感兴趣的游戏。在孩子一个人玩得高兴的时候，和她再见，并微笑着轻柔地说："一会回来和你玩。"回来时，妈妈会对妞妞说："我回来了，你玩得高兴吗？"

同时，妈妈尽量让妞妞多和爸爸玩，因为这样，她就慢慢会和更多的人接近了。

延伸阅读

帮孩子克服依赖心理

孩子依赖父母，本是正常的现象，但是过分的依赖，例如寸步不离、缠人、不肯自己完成一件事等，则属于不正常，会使他今后不能离开父母或家人的照顾去自立生活。时下一些孩子的依赖性特别严重，许多父母看不到孩子这种依赖性的危害，忽视了培养孩子独立工作的能力，这对孩子将来处世做事是没有好处的。

爸妈工作忙，乐乐一直跟爷爷奶奶一起生活。如今，奶奶病了，乐乐又和爸爸妈妈住到了一起。

妈妈尽力事先替乐乐做好一切，但偶有"疏忽"，就会被弄得手忙脚乱。昨天妈妈加班回来已经很晚，忘了把乐乐第二天要穿的衣服准备好，今早乐乐醒来后就冲着正在厨房忙碌的妈妈喊：

“妈妈，今天穿哪件衣服？”“妈妈，穿哪条裤子？”“穿哪双鞋？”“过来帮我系鞋带。”……

无奈的妈妈在感叹孩子长不大的同时，开始注意适时让孩子做力所能及的事，多承担一些能承担的责任。慢慢地，乐乐学会了洗自己的手帕，学会了收拾自己的床、抽屉，甚至学会了把自己要穿的衣服整齐地摆放在床前……

孩子小的时候，需要父母的照顾和保护，父母负有监护的责任。但是，不能让孩子养成依赖他人的不良习惯。要知道，在这个世界上，没有人可以依赖别人生活一辈子。

造成孩子依赖性强的原因，是大人们过分的溺爱。因为周围的人特别疼爱，任他撒娇，凡事都帮他做好，使得孩子不愿、也没有机会去学习自立。反之，父母过度忙碌，无暇照顾孩子，因而内疚，想补偿他；于是尽量容忍他、满足他、纵容他，当有任何要求时，从不拒绝，因此养成孩子喜欢撒娇的习惯，或喜欢说“我不会做”，因为这样就有人代劳了。

想纠正孩子的依赖性格，培养他自立、坚强，必须在日常生活中潜移默化地影响他，这不是一下子可以改变过来的。首先，训练孩子做自己的本分事，穿衣、吃饭，都让孩子自己去做。面对一个依赖性强的孩子，父母往往经不起孩子的纠缠、撒娇，而首先改变态度；有时是因为不能忍受孩子的哭闹，但求平息孩子情绪而满足他。久而久之，孩子揣摸到父母的心态，知道只要坚持用同样的方法就可以令父母改变。

其实真的忍受不住时，干脆走开一阵，不要面对孩子。而且不断提醒自己：这样做是为了孩子着想，内心就会感到舒服一点。

此外，吃饭的时候，给孩子选择喜欢的食物的权力，带孩子去买玩具、衣物时，让他有拣选的机会，一旦选定了，要尊重他的决定。父母可以给予意见，但不要代他作决定，如果孩子表现得忸怩不安，或犹豫不决时，说一些鼓励和提示的话，帮助他立定主意。对他的决定，表示欣赏可以坚定他的信念，并起鼓舞作用。

当你要求孩子自己去完成一件事时，不要因为他做不来，或手忙脚乱，或需时很久而表现得不耐烦，不断催促、批评，甚至斥骂，更不可代他完成。要给他充足的时间，即使是慢，也不可指责他做不来。实在不能完成时，也只能从旁协助，或口头指导。不过，当孩子第一次尝试做一件事时，必须先给予充分的指导，不能一开始就要求他自己来，他也不可能一下子学会做所有的事。学会自己吃饭了，再教他穿衣服，按部就班渐进式地进行。一时间要他做那么多事，对依赖性强的孩子来说是很困难的，而且会让他有借口说做不来。

他做不好时，不要责备他、取笑他，应指出他的错处，告诉他要如何做，鼓励他重新开始；做对了，要称赞，不管是多么小的一件事，也不能忽略。当孩子自觉自愿地去做时，便给予适当的鼓励和赞赏，让他为“这是我自己做的”而感到自豪、高兴，以后更乐意去做了。

要注意，选择适当的时间来开始第一次训练，是重要的一环。不适当的时候，容易引起父母与孩子双方的紧张，事情就不容易成功。例如，临上学前不应该教孩子自己穿校服，由于时间紧迫，大人急于把孩子送上校车，见到孩子笨手笨脚，忍不住就要发脾气。孩子受了气，自然不高兴，赌起气来，于是大人和孩子都放弃了，最后还是由大人代劳。有了第一次的经验，孩子心存恐惧，下一次要他再尝试就难了。倒不如选择一个不急迫的时候，例如冲完凉要穿衣服的时候，可以乘机教孩子如何扣纽扣；晚上换睡衣上床时，则教他如何穿裤子。每天学一点，在没有压力下学习，孩子会乐意多了。

别忘了，同龄小朋友间可以互相影响，大家一起玩，看见别的小孩子可以自己绑好鞋带，自然会刺激他，他也想自己做，就不自觉地学习起来了。

讲给孩子的故事

不播种就没有果实

一个穷汉每天都在地里劳作。有一天，他突然想："与其每天辛苦工作，不如向神灵祈祷，请他赐给我财富，供我今生享受。"

他深为自己的想法得意，于是把弟弟喊来，把家业委托给他，又吩咐他到田里耕作谋生，别让家人饿肚子。一一交代之后，他觉得自己没有后顾之忧了，就独自来到天神庙，为天神摆设供品，不分昼夜地膜拜，毕恭毕敬地祈祷："神啊！请您赐给我现世的安稳和利益啊，让我财源滚滚吧！"

天神听见这个穷汉的愿望，内心暗自思忖："这个懒惰的家伙，自己不工作，却想谋求巨大财富。倘若他在前世曾做布施，累积功德，那么，方便给他些利益也未尝不可。可是，查看他的前世行为，根本没有布施的功德，也没有半点因缘，现在却拼命向我求利。不管他怎样苦苦要求，也是没有用的。但是，若不给他些利益，他一定会怨恨我。不妨用些方便，让他死了这条心吧。"

于是，天神就化作他的弟弟，也来到天神庙，跟他一样祈祷赐福。

哥哥看见了，不禁问他：“你来这儿干吗？我吩咐你去播种，你播下了吗？”

弟弟说：“我也跟你一样，来向天神求财求宝，天神一定会让我衣食无忧的。纵使我不努力播种，我想天神也会让麦子在田里自然生长，满足我的愿望。”

哥哥一听弟弟的祈祷，立即骂道：“你这个混账东西，不在田里播种，想等着收获，实在是异想天开。”

弟弟听见哥哥骂他，却故意问：“你说什么？再说一遍听听。”

“我就再说给你听，不播种，哪能得到果实呢！你不妨仔细想想看，你太傻了！”

这时天神才现出原形，对哥哥说：“诚如你自己所说，不播种就没有果实。”

告诉孩子

一分耕耘，一分收获。想要收获果实，就必须先播种。我们只有脚踏实地地付出努力，才能有所收获。

27

让孩子变得合群

做人处事箴言

在集体活动中，孩子与同龄的小朋友一起生活，他们会教会彼此怎样相处、怎样玩耍。父母要欢迎孩子的小朋友上门来玩，也要鼓励自己的孩子到别的小朋友家里去玩。

冬冬不爱参加集体活动。每次学校组织集体活动他都会哭着不参加，而且是第二天早上一睁眼就会哭着说不去，好像前一天晚上就是带着这种恐惧心理睡下的。只要妈妈答应他在家中玩，他就会变得比较活跃。

妈妈觉得，这很可能是因为孩子在家中经常听到赞扬，到集体中却感到自己不如同伴，因而丧失了自信心，才遇事退缩的。

于是妈妈与老师配合，发现并利用冬冬画画的特长，让他把大家在集体中的表现画出来。冬冬因此得到了大家的赞赏。同时，妈妈每次到学校接冬冬，都会约一些同班小朋友和他们的妈妈一起玩儿一会儿，同路的还一块儿走。

大概过了半个月，冬冬就开始接受和融入小朋友的活动当

中，上下学的时候会主动和老师、同学打招呼了。

延伸阅读

鼓励孩子参加集体活动

独生子女缺少兄弟姐妹，他们中绝大部分都乐于参加集体活动，家长对此也持支持态度。但有些孩子个性比较胆小、喜静，或对活动兴趣不浓，讨厌集体活动中纪律的约束，对集体活动兴致不高，而集体活动对孩子成长又具有重大意义。

集体生活对孩子的成长是非常有益的。

集体生活能扩大孩子的交往空间。父母用家看住孩子，使他接触的对象少，交往活动的空间狭小，这势必会影响孩子的交往能力，使孩子认生、害羞。而进入幼儿园后，孩子的交往对象增多了，活动空间明显增大，孩子的交往能力也明显增强，能和小朋友一起玩，友好合作。

集体生活能纠正孩子的不良习惯。由于家长的过分宠爱，许多孩子养成了坏毛病，例如：任性、挑食、随地大小便、不用杯子喝水、不会用勺吃饭。当孩子进入集体生活的环境后，这些毛病会在教师的引导下逐步得到改变，孩子会养成良好的生活习惯。

重要的是，集体生活给孩子提供了互相学习的环境。孩子跟老师、父母学东西有被动的成分，而孩子之间更容易自发、主动地想到学习，这种学习方式在很大程度上能真正促进孩子发展，同时，这种环境也是一种氛围。

例如：一个孩子不爱吃蔬菜，但他看到别的小朋友吃得津津

有味时，他也会被感染，津津有味地吃起来。这种环境、这种氛围在家庭中是很难营造的。

我们常常听说许多孩子上幼儿园、寄宿学校不能适应环境，除了孩子生活自立能力弱以外，还有一个重要的原因就是父母忽视了要让孩子适应集体生活。着力培养孩子集体生活的能力，能使孩子对新环境的适应能力增强，语言、动作、思维的发展水平提高。适应集体生活的孩子要比由家人看护的孩子性格更开朗、活泼。

那么父母如何采取行之有效的方法鼓励孩子积极参与集体活动呢？

1．为孩子创造集体活动的环境

可以通过提供必要的玩具、游戏材料、空间与时间，让孩子与亲朋邻里间的孩子游戏交往，鼓励他们参与社会及幼儿园组织的各种类型的丰富多彩的集体活动，可以利用节日游园、郊游踏青、参观游览、走亲访友、演出比赛等机会，有意识地安排孩子与集体频繁接触，增进孩子对集体活动的认识与了解，提高孩子参与的热情和积极性。

2．诱导孩子在集体活动中发挥主动性

了解孩子的心理需求，根据他们的能力、爱好、兴趣组织集体活动。发挥同伴间的鼓励作用，允许孩子失败，用掌声等增添孩子的自信。给孩子提供发挥特长、帮助别人、服务于集体的机会。

同时要了解孩子在集体活动中的困难，给予帮助。如果孩子的技能技巧不熟练，在家父母可帮助练习，彩排；条件不充分的，帮助准备等，变被动为主动。

3．发挥荣誉的激励作用

孩子在集体活动中的点滴进步和突出表现，家长都要给予肯

定，如："明明在今天的活动中帮助了小芳，我们要向他学习。""毛毛你今天表演真棒！""东东，今天表现得有进步，下次活动肯定更好。"类似这样的鼓励性语言是孩子参加集知动的无形动力，所以，我们不要放掉任何一个表扬、鼓励的机会。

4. 培养孩子的合作能力

平时家庭可以开展合作游戏。比如"两人三足"；赛跑、下棋等，让孩子懂得有些事要大家合作才能完成好；也可让孩子自己找朋友，从跟他喜欢的伙伴共同参与逐步过渡到大家共同活动，用同伴的热情与积极性感染孩子，影响带动孩子。另外，在集体活动中要给孩子提出具体要求，分配具体任务，活动项目也应该利于孩子间合作。

我们都应该鼓励孩子积极参与集体活动，让孩子在集体中健康、愉快地成长。

讲给孩子的故事

德里克的集体生活

在离泰晤士河不远处的一个院子里，八岁的德里克·巴顿正和姑姑追逐嬉戏。突然，他被什么绊倒了，"哇"地一声哭了起来。姑姑急忙跑到跟前，扶起德里克，关切地问："我的小宝贝，磕着哪里了？不哭，姑姑给你吹一吹。"

妈妈也站起来，要过去。但爸爸拉住了妈妈的手，阻止了她。爸爸好像想起了什么，对妈妈说："德里克是大孩子了，不该这么娇气，他已经上学了，应该和同学一起玩才对。"

“他好像和同学相处得不太好，很少和同学一起玩。”妈妈回答道。爸爸脸上的笑容消失了，微微皱起了眉头。

德里克是独生子，从小就受到父母和姑姑的悉心照料。爸爸决定让德里克离开这种倍受宠爱的生活，锻炼一下他集体生活的能力。于是，德里克被送到一所公立走读制小学去读书。在学校，身边没有了亲人的呵护，德里克感到很不习惯。

他在学校和家里过的是完全不同的两种生活。白天在学校，谁犯了错误都会受到老师的批评和处罚，同学中也不会有人特别谦让他。晚上回到家中，他又是所有人的宠儿。

这种情形爸爸很不放心，就把他送进了寄宿制学校。这是一所教会办的学校，学生们过的是一种近乎军营的“艰苦”生活。妈妈和姑姑对爸爸将独生子送进这么一个严酷的环境也很不理解。

德里克很不适应，一到星期一早上就哭闹着不肯上学。

这天，德里克恳求爸爸说：“爸爸，我今天发烧，我不能去上学了。”爸爸弯下腰慈爱地摸了摸儿子的头，但是，德里克躲闪的目光暴露了他的心思。于是，爸爸直起腰，坚定地说：“孩子，你发烧并不严重，你完全可以去上学的。”

看到这种方法失去效用，德里克便对父亲说了实情：“爸爸，我真的受不了学校严格的纪律。在那里，没有人谦让我，如果我回答不出问题，还要受到老师的批评。爸爸，别再让我上那所学校了。”

“但是，你总有一天要长大的，总有一天要脱离家里的环境，融入到与家庭不同的社会中去。只要你能谦让同学，热心帮助别人，在学业上认真努力，又有什么不能接受呢？”

爸爸的话让德里克的心里产生了反应。

爸爸接着说：“起来上学去吧，你在学校里会学到比在家里更多的知识，那里有同伴，还有教师，爸爸希望看到你的进步。”

由于相信这样有利于孩子成长，所以爸爸态度很坚决。望着爸爸期望的目光，德里克终于理解了他的苦心。德里克开始准备书包，在走到门口向爸爸告别时，他高声说：“爸爸，你等着看吧，我下次回来的时候，完全是另外的样子。”

爸爸的苦心没有白费。在以后的集体生活中，德里克与人交往的潜质得到极大开发。这对他日后形成尊重同事、为人谦逊、待人友善的性格起到了很大的作用，并为他的事业成功打下了良好的人际关系基础。1969 年，因对发展立体化学做出突出贡献，德里克·巴顿荣获诺贝尔化学奖。

告诉孩子

在集体中生活，才能接触到更多的人，学到更多的东西。

28

让孩子发现老师的优点

做人处事箴言

孩子对老师有抵触情绪，父母切忌一棒子打死，让孩子无条件地服从老师，这样只会加剧孩子对老师的反抗。当然，父母更不能仅站在孩子的角度思考问题，甚至与孩子一起指责老师，甚至跑到学校里与老师大吵一番，这样结果只能更糟。

琪琪上小学四年级。上学期，她常说数学老师这不好，那不好。有时，妈妈也跟着报怨老师的教学方法欠佳，没有教好孩子，使女儿的数学成绩上不去。

后来，班上换了一位老师，开始琪琪反应还不错，但没过多久，她又开始谈新数学老师的不足了。妈妈觉得，问题很可能不在老师身上。后来，妈妈了解到，新老师是学校的业务尖子，教学成绩是学校比较突出的。

于是妈妈开始采取暗示手段。一次家长会后，妈妈告诉琪琪：“新数学老师对你抱有很大的希望，他认为你很聪明，潜力很

大，只要注意听讲，肯定能学好数学。”此后，妈妈经常在琪琪面前和爸爸谈论新老师的人品、业务如何好，班上的学生如何尊敬他。

很快，琪琪也发现老师有不少的优点。半个学期下来，琪琪的数学成绩有了明显进步。

延伸阅读

教孩子学会与老师交往

一个人从小学到高中甚至大学，十几年的学习生活，一刻也离不开老师的帮助和教诲。孩子能协调好与老师的关系，主动地与老师交往，对孩子的学习和成长都有重要的意义。那么，父母应怎样引导孩子与老师交往呢？

1．教育孩子尊敬老师

教师甘做人梯，这种奉献精神是伟大的。所以孩子应该尊敬老师，爱戴自己的老师。

父母应告诉孩子，尊敬教师应表现在日常生活中。比如，见到老师要主动打招呼，主动问好，要有礼貌；尊重老师的劳动，诚恳、谦虚地听取老师的教导，以优异的成绩和全面发展的良好素质来回报老师付出的辛勤劳动。

2．教孩子主动与老师交流

老师要面对一个甚至多个班的孩子，他有时可能应接不暇，因此难免对孩子照顾不周，体察不到某个孩子想与老师沟通的需要。如果孩子主动与老师交流，把埋在心里头的事情袒露出来，有困难向老师求助，学习上遇到难题向老师请教，主动与老师探讨人生哲理……是能够得到老师的帮助、理解和信任的。父母要让孩子记住，一定要争取主动，别错过与老师交谈、探讨及向老师请教的机会！这样孩子才能更快地进步，迅速地成熟起来。

3．教孩子正确看待“严”老师

现在，有些孩子对老师的批评很反感，甚至有抵触情绪。他们认为老师管得太严，态度苛刻，觉得在学校不自由。

父母应让孩子明白，没有哪位老师不爱自己的学生，不希望自己的学生成才的。严师出高徒。老师严格要求学生，才能培养学生一丝不苟的治学精神和实事求是的科学态度；才能培养学生良好的思想品德和文明的行为习惯。严格正是老师培育人才的需要，也是老师对孩子负责的表现。

父母应该教育孩子理解老师的苦心，正确对待老师的批评，诚恳接受老师的指导和严格要求，从而确立良好的师生关系。

4．教孩子正确对待老师的错误

人人都怕被别人错怪或误解，孩子更怕老师错怪自己，因为这会影响自己的学习和进步。然而，任何人都会犯这样或那样的错误，老师也难免有错的时候。

那么，一旦老师错怪了孩子，父母应如何加以引导呢？

父母应让孩子明白，希望自己教的学生上进，有所作为，是所有老师的共同愿望和出发点。老师本身的愿望决不会是把自己的学生推向反面。有时，可能因为老师对情况了解的不够全面，而对孩子做了不切实际的批评。

父母应告诉孩子，不能因老师错怪了自己就产生嫉恨心理，认为老师偏心眼，更不能采取消极的态度与老师对抗，甚至采取当场顶撞和抗拒的态度。要保持头脑应冷静，努力克制自己，

不冲动。应根据当时的环境和条件，能解释的就解释清楚，一时不便解释的暂时放一放，以后找适当的时机再解释，也可以请同学或班干部代替自己去解释。这样，通过和缓的方式解除相互间的误解，缩短心理的距离，扭转老师对孩子的印象，师生关系会更融洽。总之，在同老师交往时，父母应教育孩子持主动、诚恳的态度。

当然，与老师建立良好的交往关系，在于师生双方的共同努力。从父母的角度出发，应该正确教育孩子要打开心灵之门，用尊重、热情、真诚、理解和爱去架设沟通师生心灵的桥梁。

讲给孩子的故事

无论何时都不能忘记老师的教诲

居里夫人是迄今为止唯一的两次获得诺贝尔奖的女科学家。

1912 年，华沙“镭”实验室建成了。居里夫人——“镭的母亲”接到消息后，立刻打点行装，从巴黎飞往华沙。

晚上，为居里夫人举行的欢迎宴会开始了。居里夫人成了贵宾，被请到摆满鲜花的桌前坐下。但她却隔着鲜花，在努力地寻找着什么。

忽然，居里夫人的目光碰上了对面一位白发苍苍的老妇人的目光，老妇人正敬佩地望着她。居里夫人激动地站了起来，向老人走去。

居里夫人伸出双手，紧紧地拥抱了这位老妇人，在老妇人的双颊上吻了又吻，说道：“我以为这是不可能的，可却是真的，是真的！我一直想念着您，斯克罗斯校长！”

斯克罗斯校长热泪盈眶，她紧紧握住居里夫人的手，不住地说：“好样的，玛利亚！好样的，玛利亚！”在场的人都被她们深深地感动了，好多人眼中都噙满了泪花。

侍者送来了酒，居里夫人拿起一杯酒，递给斯克罗斯，然后转身对众人说：“尊敬的主人，尊敬的来宾们，我提议，为斯克罗斯校长干杯！是她教育我要用自己的大脑去思考，要真诚、勇敢地面对生活！”

居里夫人对老师的尊敬和爱戴感染了在场的每一个人，大家纷纷举起酒杯，宴会的气氛达到了高潮。

告诉孩子

如果你以良好的态度对待老师的劳动，你就会发现老师讲课有趣多了。跟老师搞好关系，老师对你更了解，才会对你更加深入地教导，这对你是很有帮助的。

29

让孩子有话当面说

做人处事箴言

人们常说:“明人不说暗话。”没有人喜欢别人在背后对自己品头论足，指指点点。经常在背地里说人坏话的人，不会交到真正的朋友。因为，他可以当着你的面说别人，也就可以当着别人的面说你！

“郭亮的脚太臭了！我跟好几个小朋友说，他们都知道了！”林琳回家来，第一句话就说。

“为什么不当面告诉郭亮，却在背地里告诉别的小朋友？”爸爸问。

“谁让他老拿臭脚熏我！”林琳还挺有理。

“他这样做是不对，但你在背地里说他坏话对吗？”爸爸反问林琳。

妈妈耐心地开导：“他不讲卫生，不是好孩子。但背地里说别人坏话也不是好孩子应该做的。别的小朋友也不喜欢和在背地里说人坏话的人做朋友，有话应该当面说，是吗？”

林琳低下了头。

延伸阅读

不要让孩子背后议论别人

小孩子心直口快，爱说实话，遇到什么事看不惯就会说出来，甚至有时事后想起来还会抱怨几句。父母不能小看这种事后的抱怨，因为若不及时加以引导，很可能会使孩子养成背后说人坏话的习惯。

有的孩子喜欢在背地里指责自己的朋友，而父母却听之任之，有时还认为孩子指责的道理。父母的这种做法，对培养孩子与人合作是不利的。

俗话说："人无完人，金无足赤"，就是说谁都有一定的缺点，你的孩子交的朋友，虽然经过选择，他也不会一点缺点没有，正像你的孩子也有缺点一样。

任凭孩子背后指责朋友，会使你的孩子处处挑剔朋友的毛病，看不到朋友的优点。长此下去，他便会失去朋友，成为孤芳自赏的"孤家寡人"。这样的人容易孤独，自视清高，不利于与人合作。

遇到孩子抱怨别人的情形时，父母最好听孩子把话说完，然后再决定怎么帮助他。通常孩子抱怨完了，还是必须面对问题。在还没有找出问题症结以前不让孩子表达，会使孩子产生失落、无助感。

有些孩子的抱怨的确是芝麻小事，可是对孩子的意义重大。

聪明的父母不会错过孩子的任何小事，他们总是将它当成重要的事，郑重其事地听他说完。也许孩子话一说完，也同时找到答案了。

当然，不让孩子背地里说别人的坏话，父母应该让孩子明白什么是坏话？是捏造事实，蓄意中伤？还是说别人的缺点，短处或者不足？事实上，好话和坏话并没有什么严格的界限，只要不会对对方造成伤害，就不能算坏话。

因为谈论别人，是一件极为平常的事情，每个人都会做，且经常在做。社会本来就是人与人的关系，人们之间谈论的话题，很多都和别人有关。两个人的谈话不可能只局限于两个人之间，很可能会牵连到第三者、第四者等等。只是两个人谈话的时候，不能散布关于别人的谣言，把别人的缺点和丑事弄得人尽皆知，就不好了。

比如，早晨去室外跑步，恰巧看到两个朋友。刚要跟他们打招呼，只听一个跟另一个说："他那个人，私心太大，只想让别人帮他，却从来不愿多帮帮别人。"一大早听到这样的话，心理承受能力再好的人很可能也会难受好一阵子。

但如果情况是这样，他把你拉到一个适当的场合告诉你："你这个人，什么都好，就是有时替朋友考虑得不周全，我提醒你是因为咱们是朋友。"这样，你可能就不会觉得难堪，还会觉得对方在为你着想。

可见，有话一定要当面说，千万不要在背后说别人的坏话。在背后乱议论别人，一旦被对方知道了，难免会发生争吵。这样一来，即便是以前对你印象很好的人，心中也会出现阴影，以前对你的好感顿消。所以，父母要时刻提醒孩子，莫让嘴巴破坏自己的好名声。忠诚待人，对自己是不会有害的。

"有话当面说"是一种为人处事的准则，也是一种技巧。人们把“有话当面说”的人称之为心直口快，一点也不介意，说了就完了，没有后遗症。

当然，有话当面说是要讲求方式方法的。根据对方的性格特点和接受能力，恰到好处地把意见传达给对方，效果一定是不错的，如果再选择适当的时机和场地，其效果就更好。

若真想在背后谈论别人，那最好说好话。比如你听到两个朋友这么说：“他这个挺聪明的, 也愿意为朋友办事……”你肯定十分高兴, 并且更愿意帮他办事。

人们常将爱说三道四，背后说人坏话的人称为小人。亲君子而远小人，提倡“直面”而反对阴谋和穿小鞋。这些道理，父母是应该给孩子讲清楚的。

讲给孩子的故事

喜欢背后议论别人的小猴子

有只小猴子开始有很多朋友，但他有个不好的习惯，就是喜欢背后议论别人，有时还会说别人的坏话。

大象和狮子打了起来，结果大象被狮子打败了。小猴子就背后当着黑猫和麻雀的面说：“大象虽然比狮子大那么多，但是显得很笨重。他为什么不用长鼻子卷住狮子呢？我想是缺乏头脑的原故，真是四肢发达、头脑简单啊！”没多久，这话就传到大象的耳朵里了。大象找到小猴子，用鼻子把他卷了起来，抛出去很远。

小猴子对小白兔说：“我最讨厌狐狸了，他太狡猾了，名声也不好。”没多久，这话就传到狐狸的耳朵里了。狐狸气愤地说："我要好好教训这个猴子一顿！"结果吓得小猴子一个星期没敢出门。

小猴子和乌鸦同时发现一棵桃树上有一个非常大非常诱人的桃子，但乌鸦会飞，所以就比猴子抢先一步吃到了，小猴子对此耿耿于怀。他逢人便说："不要和乌鸦做朋友啊，他太霸道，不知道忍让别人。"没多久，这话就传到乌鸦的耳朵里了。乌鸦和小猴子从此断绝了关系。

……

最后，大家都不愿意理小猴子了，小猴子也没有朋友了。

告诉孩子

面对传言，我们要做的不是以讹传讹，也不是添油加醋使它更离奇，更不是不加思考盲目相信。我们一定要记住：耳听为虚，眼见为实，且莫让那些虚假的东西混淆了我们的视听。

30

让孩子遵守游戏规则

做人处事箴言

对于失败过多的孩子，父母可以故意让孩子获得成功，从而提高他对游戏的积极性，并对他遵守规则的行为给予充分的肯定和鼓励。

爸爸妈妈陪着洋洋玩游戏。游戏的内容是一个人当小狐狸在前面跑，一个人扮老虎在后面追。

洋洋由妈妈陪着当小狐狸，爸爸当老虎在后面追。整个追的过程，洋洋玩得都非常开心。可是每到块被老虎追上的时候，洋洋就会跑到卧室里，把门关上！玩了几轮，都这样，每次都以卧室门关上宣告游戏结束。

妈妈提议说：“要不让爸爸来当小狐狸，洋洋当老虎！”于是，大家换了角色。可这次洋洋就是不让爸爸进卧室关门。爸爸一关门他就哇哇大哭。

爸爸问洋洋：“为什么你可以进卧室关门，爸爸就不可以？”

洋洋说不上来，就要脾气说：“我就是不想让爸爸藏起来。

爸爸藏起来玩着就没意思了！”

爸爸说：“那以后玩游戏的时候，咱们得把规则说得清楚些！要不爸爸也不知道该怎么做！”

妈妈也在旁边说：“你当狐狸藏起来，爸爸也会觉得没意思的。”

在接下来的游戏里，洋洋懂得遵守游戏规则了。

延伸阅读

让孩子懂得遵守规则

规则是社会公共生活中的基本准则。它以两种不同的形式存在，其一是没有明文规定，人们约定俗成、共同认可和遵守的行为规范。如主动排队，在影院、图书馆不大声喧哗，以至进入会场要放轻脚步等；其二是有明文规定的，社会公共生活中的公约、规则、规章、纪律等，如交通规则、学生守则、考试纪律等，通常带有一定的强制性，有的甚至与法律法规相衔接。

人们常说“国有国法，家有家规。”“没有规矩不成方圆。”的确，没有规则，任何社会活动都无法展开。就连和小朋友玩游戏，我们都必须遵守规则。对于父母来说，教孩子养成自觉遵守规则的习惯是很有必要的。

父母要教孩子遵守“大”的规则，先要在日常生活中教孩子遵守“小”的规则。一般来说，父母教孩子遵守规则，可从教孩子遵守游戏规则入手。

孩子不遵守游戏规则的原因很多，比如，孩子年龄过小，不知道遵守规则；游戏内容对孩子来说较难，孩子难以成功；游戏时孩子的失败过多，孩子丧失了玩游戏的积极性；孩子的好胜心过强，总想比别人快，这主要表现在竞赛性游戏中；缺乏生活经验，主要表现在“角色游戏”中等。

找到了孩子不愿遵守规则的原因，父母就能对症下药，根治孩子的毛病。

1．多讲规则的作用

孩子缺乏生活经验，家长应该丰富孩子的生活经验，鼓励和肯定孩子的正确行为。在家里，父母与孩子做游戏时要给孩子讲清游戏应有的规则，以及大家为什么要遵守。要让孩子了解规则无处不在，一定的规则能保证人们更好地生活。例如，人们要遵守交通规则、游戏规则、竞赛规则。家长可以时常反问孩子，如果不遵守规则会怎样？让孩子设想违规的后果，引起他对执行规则的正视。家长也可参与孩子的游戏，并以角色的身份和游戏的口吻指导游戏，帮助孩子遵守游戏规则。

2．养成遵守规则的习惯

有的孩子年龄过小，家长应对孩子遵守游戏规则的正确行为给予肯定，并告诉孩子怎样做才对。在家中，父母可以为孩子规定一些规则并让孩子执行，如物品用后要归回原处；离家出门要和家人打招呼；按一定的时间作息（定时进餐、睡眠、起床）等。

3．让孩子知道如何执行规则

有时孩子具备了一定的规则意识，但仍会时常违规。比如，穿衣、洗漱等动作太慢，不得要领等。这很可能是因为孩子觉得游戏内容太复杂了。这时家长就应选择适合孩子年龄特点的游戏，教孩子做事的方法，培养孩子的自理能力。同时，寻找又快又好的做事方法和规律，提高孩子的生活技能。

4. 培养孩子的自律精神

他人制定的规则是强加的，属外力约束，而孩子自己制定的规则有内省成分，便于孩子自觉遵守。家长不妨和孩子一起商量制定家庭规则，以便共同遵守。例如，进别人房间前要先敲门；下棋、玩游戏要按规则决定胜负；说错话或做错事时要礼貌道歉；看电视时不要干扰别人等。

5. 让孩子懂得规则的严肃性

执行时尽量严格，不随意迁就孩子的喜乐。家长违规也要自觉受罚。如果孩子仅仅是为了取胜而多次破坏规则，家长应让孩子认识到要想取胜，就必须遵守游戏规则，否则再快也没用，千万不应迁就孩子。如果孩子多次因争强好胜而不遵守规则，父母完全可以停止游戏，避免滋长孩子的自我优越感。

一旦孩子养成了遵守游戏规则的好习惯，他在与别人外交往时，也就容易运用普遍的行为准则来约束自己。

讲给孩子的故事

开给虎大王的违规罚单

虎大王到鸟王国办事。他住的地方和停车场之间隔着一个大草坪。

一天晚上，因出门晚了，虎大王见周围没人，便走直线从草地越栏杆上车。鸟王国年轻的警察猫头鹰发现后，立即飞了过来，很有礼貌地给他撕了张处罚300金币的罚单。虎大王只好解释认错赔不是，且保证“下不为例”。之后，虎大王便收起罚单

开车走了。

谁知，一周后虎大王却收到了法院的传票。早已把此事置于脑后且认为问题当时已经解决的虎大王，感到莫名其妙。询问律师狐狸先生方知，“按鸟王国法律，一个星期不到指定地点交罚款，法院传你；再不理睬，就要拘捕你。”听此，虎大王请示狐狸律师帮忙“疏通”一下。可狐狸律师却告诉他：“这是鸟王国铁定的规矩，没办法疏通。最好的办法，就是老老实实认错受罚。”虎大王没辙，只好上法庭。

开庭那天，虎大王面带微笑老实认错。岂料，一看罚单罚款却多了一倍，虎大王感到不解。法官雄鹰解释说：“违反了法规，自己也承认，可是见法官就笑，这本身就是藐视法庭，所以加重处罚。”听后，虎大王无言以对，备受震动。

告诉孩子

一个人如果不遵守纪律和规则，就会把事情越弄越糟糕。

31

让孩子正确面对竞争

做人处事箴言

父母要多表扬孩子的努力和在努力过程中的提高，而不要只注意竞争的结果。当孩子在努力尝试一些事情的时候，当孩子的能力得到提高的时候，当孩子能够成为别人的动力来源的时候，父母应该给孩子一些积极的回应。

东东上小学四年级，是个班长。他从小就很优秀，走到哪里都会被称赞。他的学习也很优异，一般都是班里第一名或第二名。但最近，他的学习有所下降，心情也总是很烦躁，害怕同学们超过他，不选他当班长。

发现了孩子的这种情绪，爸爸开导东东：“儿子，你一直很优秀，所以你没必要担心自己选不上。话又说回来了，即便你选不上，爸妈也会以你为荣，因为你会有风度地接受失败并且诚心诚意地祝贺赢家。爸爸上次没当选上总监，你不也一样爱爸爸吗？”

延伸阅读

培养孩子的竞争意识

所有的孩子都有竞争意识。中小学阶段的孩子们或多或少都会涉及竞争性的事件和活动。游戏、体育活动、课堂学习、社会生活中以及家庭生活中也都存在着竞争。有些孩子需要竞争的刺激才能更好地把精力充分投向学习和锻炼中。如果正确把握，竞争可以成为孩子前进的动力。

孩子原本对输赢处之泰然，但是一些父母往往会在孩子成功时给予奖励，失败时给予批评与责罚。如此一来，大大影响孩子对输赢的评价。

孩子只希望赢，不愿意输，说明孩子有上进心，不甘落后，这是好的方面。但如果父母不能正确地加以引导，长期下去，很可能使孩子形成赢了弱者趾高气扬，碰到强者不敢挑战的心理。在日常生活中，这样的孩子不善与人合作，耐挫力较差，不能很好地适应社会。

父母应帮助孩子端正心态，指导孩子从对方的角度看待竞争。每一位父母都是孩子学习的榜样，父母的价值观会影响对孩子的教育，进而影响孩子的思考方向和行为方式。如果父母能给孩子做表率，孩子自然会接受父母的观点。

现在有很多家长总是教育孩子要和别人比，其实应该是自己和自己比才对。做最好的自己，树立“我能行”、“我今天比昨天要棒”的思想意识，这样自身才会有成就感。如果一味地

去和别人比较，那么别人所有的成绩都会成为自己的悲哀，越竞争越自卑。孩子还会把别人的成长、进步看作对自己的威胁，这样的心理形成之后，孩子在前进的道路中就会有很多障碍。他不会把竞争对手看成自己的朋友。

有些父母要求孩子“出人头地”、“比别人强”、“比别人棒”。在这样的要求之下，孩子的潜能可能被激发出来，也获得了预期的效果。可是有些孩子尽力地做，却得不到任何收获，甚至遭遇挫败，就可能会影响到他再去学习，甚至产生退缩、畏惧。家长在自我反省和思考后，应引导孩子走向能自我认识、自我反省、自我竞争、尽力而为的境界，而不是投机取巧、不顾一切地一味去取胜争赢。

父母应给予孩子适度的支持和赞美。一般而言，如果父母鼓励孩子尽力去做，而且又能赞美他，孩子对做任何事都会以积极的态度去处理。与此同时也做了教育，任何事只要尽了力，对自己而言，就是“赢”。

父母可以通过创设真实情景或讲故事的方式让孩子明白：做竞赛性的游戏总有人赢，也总有人输。能赢固然很好，输了也没有关系，关键在于自己有没有尽力。只要尽了力，碰到强手即使输了也没关系。认输意味着承认自己当时不如别人，但并不意味着甘愿一直不如别人。要分析一下输在何处，以便进一步学习、提高，争取下一次能赢。

父母要引导和教育孩子用自己的努力和实际能力去同别人相比，竞争是为了找出差距，更快地进步和取长补短，不能用不正当、不光彩的手段去获取竞争的胜利，把孩子的好胜心引向积极的方向。

父母应设法将孩子的嫉妒心转化为竞争的动力，即让孩子把注意力放在“怎样超过别人”上。教育孩子贬低别人并不能抬高自己，落后的原因不在于别人，在于自己，以积极的努力缩短实际存在的差距，最终化解内心的不平衡。

父母千万不能用贬低孩子所嫉妒的对象的办法来减轻孩子的嫉妒心理，那样会导致孩子过多地去看别人的不足而放弃自己的努力。

一般而言，一旦父母停止了给孩子施加压力，并帮助孩子减轻心理的负担，那么孩子即使还有竞争的愿望，他也会更享受事物本身带给他的乐趣。

讲给孩子的故事

追不到兔子的狼

一只狼发现一只小兔子，于是开始了一场追捕与逃亡的较量。狼使劲追，小兔子使劲跑，但最终狼也没追上小兔子。

狼回到家，对狼妈妈说："我天发现一只小兔子，可是怎么追也没追上。"

狼妈妈问："你知道你为什么没追上那只兔子吗？"

狼摇摇头。

狼妈妈说："那是因为你觉得自己是为了一顿饭在追兔子，而兔子却是为了一条命在跑啊。"

告诉孩子

每个人每天都要面对很多的竞争，想在竞争中生存，你就得有一种比别人更强烈的竞争意识和危机感。这样你才不会成为那匹追不到兔子的狼。

32

让孩子体验一下角色互换

做人处事箴言

兄弟姐妹同根生，原本就有手足情。良好的手足关系可以成为孩子们生活的原动力。虽然大家的观点、品位风格存在差异，但兄弟姐妹可以给孩子带来终生的帮助和鼓励。这一点，做父母的是不容忽视的。

枫枫是个调皮的孩子，一会儿都闲不住。姐姐在写作业，他在旁边一会儿揪揪姐姐的头发，一会儿用“宝剑”捅姐姐的背。搅得姐姐不能安心学习。

妈妈为使枫枫听话，不再捣蛋，就决定让枫枫和姐姐角色互换。

“姐姐”开始写作业了，“枫枫”拿着水枪走过来，趁“姐姐”不备，把“姐姐”的作业本和衣服都打湿了。“姐姐”哭了，向妈妈告状。

妈妈问“姐姐”：“‘枫枫’把你的作业打湿了，是他不对。那你希望妈妈怎么惩罚他？”

“姐姐”狠狠地说：“罚他今晚不准看电视！”

妈妈说：“定下了规矩就不能变卦！以后谁再扰乱姐姐写作业，就罚他晚上不准看电视！”

游戏结束了，但枫枫想起自己定下的“惩罚措施”就不再打扰姐姐学习了。

延伸阅读

教孩子学会与兄弟姐妹和谐相处

当代科学家在研究手足关系的时候，最令他们惊叹的一点发现是：孩子们和兄弟姐妹呆在一起的时间最长。

朝夕相处在促进手足联系更紧密的同时，也大大增加了他们之间产生摩擦的机会。冲突也许会让父母感到头痛不已，但是孩子们却有可能从中获益良多。

社会学家通过试验证实，在手足“斗争”中成长的孩子掌握更多解决冲突的技巧。美国伊利诺伊州大学心理学教授劳里?克莱默说：“和朋友关系不同，手足关系是没办法选择的。因此在日复一日的冲突中，你学会了谈判和妥协。”

具体来说，父母该怎样教孩子与兄弟姐妹和谐交流呢？

1. 父母不应偏袒

父母要明白，孩子们吵架斗嘴的时候不能偏护其中的任何一方。父母更没有责任查明谁对谁错，以法官的身份自居。另外，尽量不要拿你的孩子与其兄弟姐妹进行比较。这样的话，会使处于弱势的那一个孩子感到自己与兄弟姐妹格格不入或者不受父母

喜欢。

有的父母有重男轻女的思想。小敏与弟弟发生冲突，不管谁对谁错，父母总会让小敏让着弟弟。

一次，是弟弟不对，但妈妈仍说："你是姐姐，就不会让着弟弟！"

小敏很委屈地说："手心手背都是肉，你们为什么一碗凉水端不平！弟弟之所以这么蛮横，就是你们惯出来的！"

10 多岁的孩子能说出这样的话，足以让父母反思反思了。所以，此后父母再也不偏袒儿子了。

2. 让孩子坦白自己生气的事实

如果你发觉孩子生气或不满，应该鼓励孩子坦白说出来。让孩子告诉兄弟姐妹他心里的真实想法，即使"我讨厌你"这种话也要坦白说出来。然后尽力想想办法来平息争吵。尽量不要让孩子出言伤害或攻击别人。因为孩子可能比任何人都更了解他的兄弟姐妹，所以孩子的恶语也可以对其兄弟姐妹造成最深的伤害。"你很胖""你很丑"这样的批评造成的伤害可能永远无法痊愈。

3. 不要让争吵恶化

一般来说，孩子们长大以后，大家不呆在同一屋檐下，吵架的机会就会少很多。但是，如果在少年时期孩子与兄弟姐妹之间的关系就非常恶劣，这种不快很可能会在孩子成年离家后一直持续下去。所以，在孩子年少时，父母应尽量要求孩子不说过激的伤害其兄弟姐妹的话，以免激化他们之间的矛盾。

4. 引导孩子遇事相互商量

父母为孩子们提供的生活环境虽然大同小异，但孩子们在未来的成就却可能会有很大的不同。有的富贵，有的贫贱，总须互相帮助与扶持。兄弟姐妹能互相帮助，就能互相合作，所以俗话说：“兄弟同心，其心断金。”

兄弟姐妹之间，相互影响很大，凡事最好商量，最易合作共事。但父母应告诫孩子不可狼狈为奸，互陷于不义。当兄弟姐妹做错事时，要劝善规过，切不可同流合污。

孩子们之间谁在学习、生活上出了纰漏，犯了什么错误，互相不要埋怨，不要坐视不管，更不要歧视对方。父母可引导孩子耐心细致地了解情况，做好帮助、教育工作，让孩子感受到自己帮助同胞改正错误的快乐。

5．经常组织孩子们团聚交心

父母应多组织孩子团聚交心。因为孩子成年后，有的结婚单独分出去过，互相走动，彼此联系的机会就会少很多，而父母在他们小时候对他们的教育则会一直影响着他们。这种聚会的习惯，会使孩子们一直保持一家人的感觉，互相支持、鼓励，互相帮助。这对孩子今后赡养、照顾父母也会起很大的作用。试想，逢年过节，孩子们都团聚在自己身边，对父母来说自然是享不尽的天伦之乐。

讲给孩子的故事

快乐的姐弟俩

从前，有一对姐弟，从小父母双亡，姐弟俩就相依为命。

姐姐很照顾弟弟，教弟弟做人的道理，有什么好吃的都会留给弟弟。吃饭的时候，姐姐照顾弟弟，给弟弟拿碗、筷子、勺子，还教弟弟怎么把饭吹凉了再吃。

弟弟也很懂事，会不时地给姐姐夹菜。告诉姐姐不要太辛苦，自己长大了一定照顾姐姐。姐姐为他做饭的时候，他还在旁边给姐姐唱歌解闷。

一天，弟弟说：“我得谢谢姐姐，我想用最美的歌声来谢谢姐姐。我想为姐姐唱一首《世上只有姐姐好》。”说着，弟弟真的就唱了起来：“世上只有姐姐好，有姐的弟弟像块宝。投进姐姐的怀抱，幸福享不了。”唱到“投进姐姐的怀抱”时，姐姐热泪盈眶，紧紧地把弟弟抱在怀里。

接着，姐姐也唱了起来：“世上只有弟弟好，有弟的姐姐像块宝。投进弟弟的怀抱，幸福享不了。”

唱完两个人都笑了。

姐弟俩虽然很艰苦，但由于相互谦让，相互关怀，所以日子一直过得很开心。

告诉孩子

兄弟姐妹之间最重要的是相互关心、照顾和体谅。用心爱对方，他们也会用心爱你。这样，家里就会充满欢乐。

33

让孩子学会克制自己

做人处事箴言

孩子善于通过观察和模仿来学习，父母的一言一行都会影响到孩子。所以，父母不仅要在日常生活中指导、训练孩子的耐心，自己更要以身作则，做出表率。父母严于律己、善于克制，对孩子的严格要求才会更具有权威性和说服力。

雷雷的性格特别急，做任何事都不愿等待，想要什么马上就要拿到手，迟一点他就大叫大嚷。

爸爸经常和他玩警察捉小偷的游戏。雷雷觉得当警察神气，就只愿扮警察，不愿扮小偷。为了纠正他的急脾气，爸爸就提议和他轮流演警察。刚开始，他不同意，该他扮小偷时他就大喊大叫。但爸爸态度很坚决：不轮流演警察，就不陪他玩。

于是，雷雷只好和爸爸按照约定的规则来决定谁当警察，谁当小偷，并且相互配合。时间长了，爸爸发现，雷雷在扮小偷时渐渐能够克制自己，扮好“小偷”的角色，耐心等待当警察的机会；当警察时，在按游戏顺序该“退位”时，也能克制自己，交出自己

喜欢的小手枪，甘心扮演“小偷”，等待“东山再起”了。

延伸阅读

别让孩子太急躁

现在很多孩子都有一个共同的特征，就是不懂等待，想要什么就得立即得到。当其他小朋友成为大家关注的焦点时，他为了受到关注会大声哭闹，甚至在暗中搞点小破坏，想以此引起大家的注意；当自己喜欢的东西不能立刻拥有时，他急不可待，甚至会从小朋友手中抢夺……

从心理学的角度来说，这是因为孩子缺少一种重要的心理能力——自我延迟满足的能力。

延迟满足是指孩子为了获得更大的满足，或以最佳方式获得满足，而对自己的欲望加以克制。说得简单一点就是孩子要学会自我控制，学会等待。

孩子的自我控制能力不是天生的，等待是需要学习的。如果你的孩子习惯于他一提要求，你就立即注意他，满足他，那么孩子就会变得越来越骄横。

孩子的行为习惯、思维品质等方面的可塑性极强，因此，及早对孩子进行延迟满足能力的训练，效果会事半功倍。

1．所提要求应具体

你希望把孩子培养成一个什么样的人？你希望他有一个怎样的人生？把你的这些目标细化为日常生活中的各项要求。

然后，让孩子明确你对他的要求，并向孩子解释清楚你要求他这么做的理由。比如，每天最多只可以吃一支冷饮，看30分钟电视，因为这样不会伤害身体(眼睛)健康。

父母也可以用一件具体的事情作为孩子等待的标志，比如：“你洗完澡就到吃水果的时间了。”要让孩子明白，稍微等待一会儿他就会得到自己期望的东西。

2. 教孩子学会用计时器

很多孩子急躁，是因为他不知道自己要等到什么程度，有什么具体的标志自己可以把握。因此孩子会很迷茫。实际上，父母可以教孩子自己认识钟表。告诉孩子，长针走到6的时候，动画片就开始了。也可用闹钟或计时器，告诉孩子铃响了蛋糕就烤好了。

如果孩子请求你的帮助，你可以告诉孩子，你正忙着，必须处理完手头上的工作。但这需要等几分钟，等铃声响了，你就可以帮他了。记住，父母这样做的目的不是真的在乎那几分钟，而是让孩子学会等待。所以铃声一响，你一定要放下手里的工作。

3. 让孩子在等待时有事可做

对孩子来说，等待的时间很漫长。大人也时常觉得等待的感觉不是很好。所以在孩子等待的过程中应让孩子有事可做，这样可以转移一下孩子等待时的注意力。避免孩子因觉得等待很无聊而拒绝等待。

比如，等着坐碰碰车的时候，让孩子玩玩别的玩具，或者讲讲故事、唱唱歌。也可以教孩子回想一些有趣的事情(比如以前看过的海豚表演)，或者把自己不能马上吃到的棉花糖想象成胖胖的白云，把不能马上吃到的巧克力想象成黑泥巴，等等，让等待变得有趣。

因此，父母最好随时准备一些玩具、图书，在孩子需要等待时把它们拿给孩子。

4．发挥语言的“制动”功效

在孩子快要控制不住自己的时候，父母说一句“再等一会儿吧”可能就会起作用。也可以教孩子自己提醒自己：“我们已经排第二个了，再过一会儿就轮到我们了。你看后面的小朋友都没有着急。”

5．等待的时间要适度

所有的孩子都愿意让父母高兴，因此，孩子们会为自己接受父母的要求、认同父母的观点而感到满意、骄傲和快乐。但父母也不能因此就让孩子等太久。比如，父母要带孩子去游乐场，却在路上碰到熟人，然后没完没了地聊，而让孩子等在一边。孩子没了耐心，自然会闹起来，在这种情况下错的那个其实是父母。

对于孩子来说，等待是很漫长的。如果孩子尽管着急地希望得到父母的注意，但还是耐心地等待了，父母就应该及时奖励孩子。让孩子明白，父母不喜欢太急躁的孩子。

讲给孩子的故事

狐狸博士的实验

为了测试孩子们的“延迟满足”能力。狐狸博士做了这样一个实验。

他请来森林里所有的小狐狸们，分给他们每人一只烤鸡。告诉他们：“你们可以马上就吃，但如果愿意等一等，等我出去

办完事回来以后再吃，则可以得到双份的烤鸡。”狐狸博士说完后就离开了房间。

小狐狸们的表现大致可以分成三类：

A 类：早就垂涎欲滴，急不可耐，狐狸博士后脚还没出门，他们已经拿起烤鸡大吃起来。

B 类：等了几分钟，看着别人吃得那么香，实在忍不住了，也把烤鸡吃掉了。

C 类：耐心等待，一直等到狐狸博士回来，他们吃到了两份烤鸡。

之后，狐狸博士对这些孩子进行了跟踪研究。

孩子们长大后，自我控制能力强的“C 类”孩子讨人喜欢，比较敢于冒险，自信、坚强、可靠、自制力较高。不仅在学习上表现优越，社会适应能力也很强，普遍都获得了成功。

那些只满足眼前的欲望，没有办法克制自己的“A 类”和“B 类”孩子，在各方面的成就都比较低。

告诉孩子

急躁、没耐心、自制力差的人，往往不懂得体谅别人，人际关系会很差，成功的可能性也小。

34

让孩子学会借助外力

做人处事箴言

父母应让孩子学会真正利用对自己有用的信息和环境，不能让孩子老想着仅靠自己的努力去完成自己的目标，在一些问题上，还要学会用其他外界的力量来帮助自己。告诉孩子，求助他人并不是什么丢脸的事。

涵涵在一个大沙堆上玩耍，他想给他的玩具小汽车修一条“高速公路”。可是当他用小铲子挖“隧道”时，却发现沙堆里有一块很大的石头。

小家伙试图把石头弄出来。可是他使出吃奶的力气，一次又一次地向大石头发起进攻，而那块石头却依然纹丝不动。涵涵气得哼哼直叫，最后，他伤心地哭了起来。

整个过程，站在窗后的爸爸看得一清二楚。当泪珠滚下孩子的脸颊时，爸爸来到了涵涵跟前。

爸爸的话温和而坚定：“儿子，你用上所有的力量了吗？”

垂头丧气的涵涵抽泣道：“我已经用尽力气了，爸爸，我

用尽了我所有的力量！”

“儿子，如果你用尽了自己所有的力气依然没有成功，那下一步该怎么办呢？”

涵涵略微思考了一下，问：“爸爸，你可以帮我吗？”

爸爸亲切地说：“当然可以，儿子！”说着，爸爸弯下腰，一下子就将石块搬了出来。

爸爸接着说：“尽力了，却依然做不到，下一步就要及时向周围的人求助。善于向他人求助，或善于借助外物的力量，你才能达到目标。”

延伸阅读

教孩子学会就近求助

在成长的过程中，每个孩子都必然会遇到一些困难，遇到一些自己不能解决的问题。在这种情况下，孩子的一个合理反应应该是向周围的人寻求帮助。然而实践却表明，很多孩子在需要帮助的时候，却不懂得主动就近寻求帮助。

天气渐冷，一位 15 岁的初一住宿生要晒被子，因自己个头小力气不足干不了，就打电话将 10 多公里外的家长叫来，竟然不知道请自己身边的同学和老师帮忙。

在网上也看到过类似的消息。高考时，一名女生没有按要求提前看考场，以至开考前怎么也找不到自己的座位。但她没有求助于监考人员，而是回家请父母帮忙。焦急的父母急忙通过各种关系向有关领导反映。考点负责人不到 5 分钟就帮她找到了座

位。而此时，考试时间已过了大半，这名考生已经失去了进场考试的资格。

为什么孩子们在遇到困难时，在意识到自己需要他人帮助时却不愿意开口就近寻求帮助呢？

1．孩子认为求助等于低能

在孩子看来，向别人寻求帮助是低能力的一种表现，即一个高能力的人是不必寻求帮助的，只有低能力的人才会去求助别人。

两个孩子 A 和 B 做同样一些题，在做题的过程中，A 孩子求得了老师的帮助，而 B 孩子则没有。然后让别的孩子对 A 和 B 的能力高低做出判断。结果，尽管两个孩子做对的题数相同，但别的孩子则会根据 A 和 B 是否求助别人而得出结论：B 的能力高于 A。

然而，事实可能并不是这样，很可能只是因为 A 和 B 两个孩子的看待做题的态度不同。A 把做题看作是锻炼提高自己能力的机会，而 B 则认为是检测自己能力的机会。

2．孩子对父母过分依赖

孩子们普遍认为，从成人那儿寻求帮助会比从同龄人那儿寻求帮助更有助于他们的学习，因为成人经验丰富；而且，孩子们也相信，相对于同龄人而言，在向成人寻求帮助时很少会被看作是愚笨，不聪明。这就是孩子们为什么喜欢从成人那儿而非同龄人那儿寻求帮助的重要原因。

而在所有的成人中，父母又是他们最愿意去求助的人。因为父母会尽全力去帮他们，且不会嘲笑他们：“连这都不会！”这是孩子对父母过分依赖的表现。

3．父母的教育有失偏颇

孩子不愿意求助周围的人，可能是孩子过分依赖父母，同时缺乏合作意识的表现。这就说明家庭教育有失偏颇，值得父母深思了：是不是自己平素给孩子灌输了太多的竞争意识，而忽略了对合作的强调？

如今的独生子女“窝里狠”，“在家像猛虎，出门像病猫”，只会在家里对家长发号施令，却丧失了向外求助的意识和能力。遇到困难、危险不会求助、求援，不会合作，后果令人担忧。

未来的社会，需要孩子学会求助，学会合作。以前那种“单打独拼”的教育方式已经很难使孩子立足于这个社会。

要改变这种状况，做父母的要创造条件“放飞”孩子，在培养孩子独立自主意识的同时，让他们感受到帮助别人的喜悦和成功实践的勇气和信心，提高适应社会生活的能力，学会生存，学会合作。

同时，父母也要注意培养孩子善于向他人求助的态度和方法。当孩子对解决某件事情确实能力不济时，要真诚地问孩子：“宝贝，你需要我的帮助吗？”其实，当孩子在无法解决自己的困难时，更需要父母的鼓励，更需要父母表达自己愿意帮助他的意愿。因为这会让孩子懂得，在困难时，还会有人给他理解和帮助。

讲给孩子的故事

小乌龟和小花猫

炎热的夏天，小乌龟和小花猫都带着太阳帽在去学校。

在小河边，他们相遇了。此时恰好吹来一阵风，把他们俩的帽子都吹掉了。小花猫的帽子被吹到了河里，小乌龟的帽子被吹到了树枝上。

小乌龟说：“小花猫，你会爬树，帮我把帽子取下来吧？”

小花猫摇摇头说：“我没时间，我要回去找妈妈帮我取回帽子。”

小乌龟说：“我可以帮你的，为什么要回去找妈妈？”

小花猫说：“你愿意帮我吗？我平常对你又不好。”

小乌龟说：“我还在向你求助呢，怎么会不帮你？”

说着，小乌龟下水取回来了小花猫的帽子。

小花猫也不好意思地爬树帮小乌龟取帽子了。

告诉孩子

遇到困难时，周围若有人有能力帮助我们，就要真诚地就近求助。当然，平时要注意人际关系，不然，遇到了困难也不好意思向人求助。

35

让孩子学会管理自己的生活

做人处事箴言

孩子并不是天生具有责任心的，它是在适宜的条件和精心的培养下，随着年龄的增长和心理的发展而形成的。家庭是孩子责任心赖以滋长的土壤，父母对待孩子的态度、教育孩子的方法是孩子能否健康成长的重要条件。

媛媛上学忘记带作业本，打电话回来求爸爸帮她拿。可是爸爸却说：“没带作业本是你自己犯的错，自己要承担后果。”说完就挂断了电话。

下午，媛媛垂头丧气地回到家里。爸爸走过去问孩子：“今天有没有被老师处罚？” 媛媛点点头。接着爸爸说：“爸爸教你一个方法，保证你往后绝对不会因为这种事被老师处罚。”爸爸这么一讲，女儿的眼睛就亮了，问：“什么方法，赶快告诉我。”

爸爸就跟她说：“只要你每天睡觉以前，拿着课程表把第二天上课要用的东西都放进书包，然后一一打钩；把该完成的作业做完之后，作业本放到书包，然后也一一打钩。统统都打钩了，代

表你的东西都放好了。这样，你就可以睡一个非常安心的觉。”

媛媛很赞同爸爸这个看法。她认为这样做不仅可以让自己安心睡觉，还可以培养自己的责任感，让自己学会管理自己的生活。

延伸阅读

培养孩子的责任心

父母都希望自己的孩子有责任心，因为责任心是一个人立足于复杂的社会，能担当重任的重要条件，也是孩子健全人格的基础。

有责任心的孩子能运用自己的智慧、信心和判断力去做出决定，独立行事，考虑他的行为后果，并且在不影响他人权利的情况下实现自己的需要。他们明白自己的义务，并主动履行义务，并愿意承担自己行为的后果。

家庭责任心主要是指能尊重其他家庭成员的权利，自愿承担家庭义务，为自己的行为承担责任。一个具有家庭责任心的青年，不仅能在现时的家庭生活中扮演好家庭成员的角色，在未来的生活中也有能力组织好属于自己的家庭。他的一生不仅能享受到家庭生活的充实、快乐，同时，也能创造出温馨、和睦的家庭气氛。

孩子作为家庭的一名成员，既应该享受其权利，当然也应承担一定的家庭责任，包括承担一定数量的家务劳动。父母可以通过鼓励、期望、奖惩等方式，督促孩子履行职责，培养其责任心。如果一个孩子在家庭中的责任心难以确立，将来一旦走上社会，就很难有社会责任心。

培养孩子的家庭责任感不仅在于家长是否具有家庭责任感，还在于家长是否给孩子锻炼的机会。如果你不是一个尽职尽责的父亲或母亲，怎能对孩子进行责任心的教育呢？父亲与朋友玩麻将通宵达旦，不顾及对家人的干扰；母亲忙于在外应酬，家里一团糟，这样的父母又有什么理由和资格去埋怨孩子不愿回家呢？

在一个专制的大人王国里，也难以培养出有家庭责任感的孩子。因为家长对孩子控制得太死，管制得太多，使孩子没有机会就某件事做出负责的行为，孩子做事只是服从，听命于大人的意见，而我们强调的责任感并不是指你的孩子按照你告诉他的方式去行事，而是他能主动发现并自主地做出反应。

只有民主的家庭，才是家庭责任感生长的最佳环境。在这样的家庭里，家长和孩子相互独立，但并非各行其是，漠不关心，而是彼此尊重又相互关照的。孩子受到重视，家长具有威信。在讨论家庭中的责任与分工之前，父母应该想一下自己是否是一个有家庭责任感的人？自己惯用的教养态度和方式是否有利于孩子责任心的培养？在抱怨自己的孩子缺乏责任感之前，先检查一下自己是不是孩子的榜样。然后就有可能从抱怨孩子转而反思自己。要想改变孩子，也应当从改变自己开始。这是最关键的问题。

在家庭生活中培养孩子的责任感，关键是父母必须赋予孩子一定的责任，以便有针对性地进行教育。空洞的说教是不能培养孩子的责任心的。通过赋予孩子责任，或感受他们自己某些行为的不良后果，才能培养孩子的责任心。

那么如何培养孩子的责任感呢？

1. 自己分内的事自己做好

在家中应该明确哪些事情是由爸爸妈妈来做的，哪些事情可以由爸爸妈妈帮孩子做，又有哪些事情是必须由孩子自己做的。对第三类事情必须给孩子一个明确的概念和范围，在不同的年龄给他制定不同难度的自理工作范围，对于这些父母绝不要包办代替。

2．家里的事别人的事帮着做

要让孩子明白，仅把自己的事做好是不够的，因为他还是家庭、集体中的一员，他还有责任协助做一些家里的事、集体的事，以此来为家庭、集体尽责，只有这样将来才能为社会尽责。要对自己的行为后果负责，就要善于抓住生活中的点滴小事，无论事情的结果好坏，只要是孩子的独立行为结果，就要鼓励他敢作敢当，不要逃避，要勇于承担后果。家长不应替他承担一切，以免淡漠孩子的责任感。

3．要履行自己的诺言

从小教育孩子，自己答应了别人、许下了诺言就要尽全力增履行诺言，即使自己不情愿也要这样做，因为这样做是对别人负责，也是对自己负责。

4．要积极参加社会公益活动

要教育孩子自己是社会集体中的一员，权利与义务是并存的，他有义务为社会做自己力所能及的事，这是培养孩子对社会负责的重要途径。

在家庭环境中长出责任心的孩子，才能在更复杂的学校、社会环境中经受考验，得到修正和磨炼，最终成为一个自强、自立的人。

讲给孩子的故事

只穿袜子进入飞船的细节

20 世纪60 年代，苏联宇航员加加林乘坐“东方”号宇宙飞船进入太空遨游了108 分钟，成为世界上第一位进入太空的宇航员。

当时有几十个宇航员在培训，并且每一个都是精英中的精英，加加林也不是最优秀的一个。他之所以能脱颖而出，是因为他心怀对别人劳动成果爱惜的责任心。

原来在确定人选的前一个星期，主设计师罗廖夫发现，在进入飞船参观前，只有加加林一个人把鞋脱下来，只穿袜子进入飞船。就是这样一个细节，加加林一下子赢得了罗廖夫的好感。罗廖夫说，我只有把飞船交给一个爱惜它的人才会放心。

责任心是一种习惯性行为，也是一种很重要的素质，是做一个优秀的人所必需的。从某种意义上说，正是爱惜他人劳动成果的责任感成就了加加林。

36

让孩子说出他所观察到的

做人处事箴言

一个会说话的孩子，往往会赢得老师、父母、同学和朋友的尊重和喜欢；而一个不会用语言表达的孩子，通常他一说话就会得罪人。培养孩子的语言表达能力，是教育孩子的第一步，它是架起孩子自信与能力的一座桥梁。

奇奇上小学了，可是语言表达能力很差。平时说话表达不清自己的意思，他总是急得抓耳挠腮。爸妈意识到，这对孩子的人际交往是极为不利的。

为培养奇奇的语言表达能力，爸妈开始有计划地给他创造条件，带他直接到大自然中去观察，然后让他表达出来。

妈妈在给奇奇讲春天的故事之前，先告诉他："春天到了，大树、天气、人、花、草、小动物呀，都有一些变化。看到这些变化，就知道春天来了。"接着妈妈给他讲故事。

故事讲完了，妈妈带奇奇去公园，并告诉孩子："你找一找，看一看，春天到了有些什么变化，回家我们讲给爸爸听。"

经过仔细地观察、查找后，妈妈又问奇奇：“除了故事中讲的大树、小草、小动物的变化外，我们还可以通过什么知道春天到来了？”

根据自己的观察判断和亲身体会，奇奇说：“天更蓝了，阳光更温暖了……还有，水不结冰了……”

就这样，妈妈发现奇奇进步多了。

延伸阅读

教孩子准确地表达自己的思想

心口相应，言为心声。语言是人们表达思想，进行交流和沟通的工具。孩子时期的语言发展是人生中最好的时期。通过语言，孩子可以获得知识技能，可以养成一定的行为习惯，可以和别人交流，可以做很多事情。总之，人总是在很多时候都需要语言的陪伴。通过语言的表达可以促进孩子的沟通能力，所以，父母要学会倾听孩子并鼓励孩子多说话。当孩子在兴致勃勃地向父母诉说某件事，或是描述某件事物的时候，父母要以一个朋友的身份去倾听他，并试着从不同的角度去刺激孩子多说话。

语言是作用最广泛的一种交往的工具，在和别人交往的时候，能否可以恰当地使用语言，是一个人交往成败的关键。一个人很可能会因为自己的“不会说话”，缺乏有效的语言表达，而使别人觉得自己没有得到尊重，从而不再与其交往，这就是言语所造成的失误。所以说，有效的语言表达方式是交往的必要条件。同样的，一个会说话的孩子，往往会赢得老师、父母、同学和朋友的尊重和喜欢；一个不会用语言表达的孩子，通常他一说话就会得罪人，让人觉得讨厌。所以，父母一定要从小就培养孩子语言表达的能力，让孩子在和别人交往的时候没有语言方面的烦恼。

那么，父母应该怎么做才能培养孩子的语言表达能力呢？

1．不要混淆孩子的发音

当孩子在学习语言之前，会有一段说话很不清楚的模糊的发音期，那个时候孩子所说的话一般都是语言片段，这可能是因为孩子的智力还没有发展到可以对语言运用自如的程度。而有的父母在和孩子交谈的时候，常常会迎合孩子的声音或者是说话方式。可能父母觉得这样做可以更亲近地和孩子进行交流，实际上，这样做非常不利于孩子的智力增长。父母一直去刻意模仿孩子的语气和说话方式和孩子交谈，只会延长孩子使用片段语言的时间，并且会使孩子的思维长时间处于一种幼稚状态。

比如，有的父母在让孩子认识事物的时候，把猫叫做“咪咪”，把狗叫做“汪汪”，这样做只会让孩子对叫声类似的动物产和一种模糊的概念。所以，当父母在教孩子说话的时候，一定要用正确的发音和孩子交流。

2．丰富孩子的词汇

当孩子开始说话的时候，父母要注意丰富孩子的词汇。父母可以通过和孩子谈论身边的事物，让孩子记一些简单的词语，但是绝对不可以让孩子死记硬背。比如家里所摆设的家具、厨房中所用的炊具以及院子里的花草树木，父母一定要用正确的发音告诉孩子这些事物的名字。然后再渐渐地让孩子对每个事物的组成部分进行仔细地分别，并且让孩子学会用一些形容词和动词来形容它们。这样，就会让孩子的词汇丰富起来。

父母也可以通过讲故事来扩展孩子知识面的同时来丰富孩子的

词汇。最好是让孩子一边听故事一边重复故事，这样可以加深孩子对词汇的记忆。但是，有一点父母必须记住，在丰富孩子的词汇量时一定不可以操之过急，因为丰富孩子词汇的教育过程是循序渐进的，一旦太过着急，只会有物极必反的效果。

3．给孩子说话的机会

语言是通过说话表达出来的，所以，父母一定要找机会让孩子自己说话，鼓励孩子说话的勇气。父母可以让孩子复述一下给他讲的故事，或是让他讲一下今天所发生的事情；父母还可以在和孩子一起做事情的时候和孩子多做一些交流，并制造一些让孩子说话的条件，这些对培养孩子的语言表达能力都起着非常重要的作用。

4．说话时要顾及到对方

当父母在和孩子说话的时候，一定要注意不要让孩子只顾着自己说，或是只说关于自己的事情，老是把话题围绕着自己打转。应该让孩子学会顾及到对方，谈一些让大家都有兴趣的话题，也可以把重点放在对方关心的事情上，还要留心对方有没有欲言又止的动作，如果有的话，一定要主动询问，绝对不可以视而不见。这是和别人交流时非常重要的一点。

5．父母要注意与孩子的对话方式

很多家长可能还没有意识到这个问题的重要性。因为在父母的眼里，和自己说话的那个人又不是外人，他是自己的孩子，没有必要去在意什么对话的方式。如果和自己的孩子说话时还得去绞尽脑汁地“绕圈子”，这样不是太愚蠢了吗？可是，孩子的模仿能力是非常强的，你和孩子说话时所表现出来的方式、展现出来的特色以说说话时的语气都可能成为孩子模仿的对象。而且，有些父母常常会在家庭教育中用命令的口气和孩子说话，这种口气很容易使孩子产生逆反的心理。如果父母换一种说话的方式，很委婉地将自己的意思表达出来，这样会让孩子更容易接受。

其实对话的方式不仅仅只限于讲话的语气，更重要的是内容的表达。所以，父母在平常的言行或是在和孩子交谈的方式上一定要注意。

一个人的智力发展和形成概念的方法，在很大程度上是取决于语言的。对于孩子来说，有效的语言表达是学会与人共处的重要内容。如果说倾听的态度更多地需要一种修炼来支撑，那么说话的风度则更多地需要一种素养来呵护。在增进素养中学会说话，在学会说话中学会共处。

讲给孩子的故事

卡尔·威特教儿子学外语

大教育家卡尔·威特并不满足只对儿子进行语言、识字教育，他下决心让儿子尽可能早地学会以一种语言为主的多种外语。

小卡尔学会法语和意大利语之后，卡尔·威特认为，可以教儿子拉丁语了。

拉丁语是相当难的语言，为此，卡尔·威特做了充足的准备。为了提高儿子的兴趣，在教拉丁语之前，卡尔·威特先把《艾丽绮斯》的故事情节、艺术的思想等讲给儿子听。他还对儿子讲，想要成为一个卓越的学者，只有学好拉丁语。儿子的好胜心被激发起来了。

在小卡尔7岁时，有一次卡尔·威特带他去参加莱比锡音乐会。在中间休息时，小卡尔看着印有歌剧歌词的小册子对父亲说：“爸爸，这既不是法语也不是意大利语，那一定是拉丁语。”卡尔·威特趁机启发儿子：“说得不错，那么你想想看，它是什么意思。”小卡尔从法语和意大利语类推，基本明白了大意。他高兴地说：“我觉得学拉丁语很容易，爸爸，你早点教我吧。”

此时，卡尔·威特觉得时机已经成熟，就开始教儿子拉丁语，只用了9个月的时间，小卡尔就学会了。

告诉孩子

学语言很烦琐，但只要有兴趣，学习得法，又能坚持下来，就能很快学会。

37

让孩子学会理解别人

做人处事箴言

父母要让孩子懂得，人与人之间需要互相理解、关心和体贴。在对孩子付出爱的同时，也要让他们知道，别人同样也需要他的爱。这样做就能激发孩子了解、关心别人的愿望，使孩子变得善解人意。

妈妈认为，小孩子吃饭不在于多而在于精，所以总是让窦豆多吃菜。爸爸则认为，人是铁饭是钢，一日不吃饿得慌。妈妈不让孩子吃饱饭无异于“肉体摧残”，这正是孩子长不胖的主要原因。因此，就窦豆该怎样吃饭一事，爸爸和妈妈不知吵过多少回。

一次，全家在外聚餐。当窦豆正在大快朵颐地吃龙虾的时候，爸爸又不合时宜地叫了一碗白米饭。窦豆向妈妈投来求救的目光，妈妈立即冲着爸说：“菜吃了那么多，哪还吃得下这么多饭？孩子吃不下了。”

爸爸不答妈妈的腔，转而问窦豆：“你吃得下吗？”

“我吃得下。”窦豆边拨拉饭粒边回答。

第二天，奶奶告诉了妈妈实情。

“窦豆，昨天的晚饭你到底吃得下吗？”奶奶问。

“吃不下，太多了。”窦豆回答。

“那为什么不叫妈妈给你拿掉一点？”

“算了吧，这样做的话爸爸和妈妈会吵架的。”

妈妈听了这段话，感动不已，觉得窦豆是个善解人意的好孩子。

延伸阅读

教孩子学会善解人意

每个人都有自己的立场，都习惯于坚持自己的想法或意见。因此，人们很难将心比心站在别人的立场上去考虑问题，也就无法设身处地地去为他人着想，这也正是引发冲突与争执的重要原因。因此，教孩子学会善解人意，对孩子的人际交往会有很大帮助。

现在的孩子生活幸福，丰衣足食，这一切都是父母提供的，但孩子会理解父母所做的一切吗？有的孩子不管大人忙不忙，非要大人陪着玩；有的孩子想要的东西要是得不到，就会闹个没完；有的孩子总认为自己是对的，大人跟他讲道理根本没有用……

孩子在1—3岁的时候初步具备了认识周围事物的能力，其意识和行为的控制能力和分析能力也大为提高，并在大人的影响和教育下开始学说话，因此此时正是教育孩子的最佳时期。能否抓住小孩这一年龄特性，有意识地培养其善解人意的性格尤为重要。

孩子的任性、不通情达理和家长的抚养方式也有很大的关系。过分娇惯、迁就孩子，往往会强化幼儿的利己心理，从而难以形成理解他人、为他人着想的习惯。因此，教孩子学会善解人意，要从平凡的小事着手。

心理学家把善解人意分解为三个方面：有理解别人的愿望；有理解别人的能力；做出良性反应。善解人意作为一种优良的心理素质，在协调社会人际关系和家庭生活中起着举足轻重的作用。

父母培养孩子善解人意可从以下几个方面入手：

1．正确对待孩子的任性

每个孩子都会经历从“自我中心”到“去自我中心”的心理历程。学龄前的孩子，往往表现出“自私”、“任性”和“不讲理”。因此，任性心理作为孩子心理发展的一个必经阶段，父母应给予充分尊重和理解。如 3 岁的孩子非要有和别的小朋友一样的玩具，离开妈妈会哭闹，都是由孩子心理发展中的“自我中心”和“依恋”心理所决定的。因此，父母在此阶段不应简单地否定、批评孩子。

2．引导孩子分析事理

体态语与环境信息、话语三者结合能显出某种含义。生活中常注意教给孩子一些这方面的知识，可以使孩子学会审时度势，避免激发不必要的矛盾，以保持家庭生活的和谐。

父母可借助生活中的点点滴滴让孩子明白，每个大人都有自己非常重要的事情需要去完成，当这些事情和孩子的需要有冲突时，孩子应当学会谅解。

孩子经常会提出一些在大人看来不合情理的要求，如果孩子的要求是合理的，父母应履行职责，满足孩子的需要。如果孩子提出的要求不太合理，父母可暂时采取“冷处理”，大多数孩子最终会放弃要求。

3．教孩子学会宽慰体贴别人

人都有遇到困难、烦恼的时候，都需要得到别人的体谅和帮助。有位诗人说过：能同情人的人，是伟大的人；能宽慰别人的心，是崇高的心。让我们的孩子学会善解人意，让他们在平凡处显出崇高，生活才会变得更有意义。

4．敢对孩子说“不”

有的父母认为孩子太小不懂事，对孩子的要求总是百依百顺，从来不愿说“不”，甚至经常会在孩子的哭闹之下，放弃自己的立场，结果更加助长了孩子的任性。

因此，父母在拒绝孩子要求的时候，应耐心告诉孩子自己的想法，并让他理解，“爸爸妈妈很不喜欢宝宝用哭闹的方式解决问题”，使孩子逐渐学会讲道理。

孩子的健康成长，需要家长的特别关注。父母要做一个有心人，时刻细心观察孩子的喜怒哀乐、言行举止，再适时与孩子交流，由表及里地了解与掌握孩子的心理活动及他对周围发生事情的反应，耐心地引导孩子从多角度读懂自己身边的每一个人：家人、老师、同学和朋友，从而建立起正确的是非观念，使孩子逐渐学会理解他人、体谅别人，感激曾伴随自己成长的所有人。

孩子善解人意，在与人交往中就会减少摩擦，消除怨恨，彼此加深了解，增进友谊；孩子学会感激，就会善待他人，与人和谐相处，广交朋友，从而会为日后的发展奠定坚实的基础。

讲给孩子的故事

你是对的

有两个小和尚为了一件小事吵得不可开交，谁也不肯让谁。

第一个小和尚怒气冲冲地去找师父评理，师父在静心听完他的话之后，郑重其事地对他说：“你是对的！”于是第一个小和尚得意洋洋跑回去宣扬。第二个小和尚不服气，也来找师父评理，师父在听完他的叙述之后，也郑重其事地对他说：“你是对的！”

待第二个小和尚满心欢喜地离开后，一直跟在师父身边的第三个小和尚终于忍不住了，他不解地向师父问道：“师父您平时不是教我们要诚实，不可说违背良心的谎话吗？可是您刚才却对两位师兄都说他们是对的，这岂不是违背了您平日的教导吗？”

师父听完之后，不但一点也不生气，反而微笑地对他说：“你是对的！”第三个小和尚这才恍然大悟，立刻拜谢师父的教诲。

告诉孩子

如果人人都有一颗善解人意的心，凡事都以“你是对的”来先为别人考虑，那么很多不必要的冲突与争执就可以避免了。

38

让孩子参与买东西

做人处事箴言

很多孩子，看见大人们做什么，就吵着也要做什么。这既是孩子有参与意识的表现，也是孩子开始出现独立意识的表现。这时，父母应尽力协助，给予孩子自由发挥的机会。虽然，孩子很可能还做不好这样的事情，但能不能做好与孩子的参与意识相比，就显得微不足道了。

以前妈妈去超市购物，淘淘总是见什么要什么，不给买，就大哭大闹，甚至躺到地上打滚，让妈妈很难堪。

后来，妈妈去超市购物的时候，就会提前征求淘淘的意见，告诉孩子：“今天带你去超市，主要是想让你帮着选购物品。你可以先想想给爷爷奶奶带什么，给爸爸带什么，给你自己买什么。想好后，妈妈帮你记下来，这样我们很快就能买完东西。”

孩子想好后，妈妈当着淘淘的面把它们一一记下来，然后对淘淘说：“妈妈今天只带买这些东西的钱，你要是想买别的，就买不成这些东西了。”

购物的时候，妈妈诱导淘淘，并经常鼓励他，比如说："宝宝帮妈妈找到麦片了，真乖。"

妈妈发现，只要这样自始至终地鼓励孩子参与，孩子都会很配合，很少出现不听话或使性子的举动，这比等孩子捣乱的时候再想法去制服他有效得多。

延伸阅读

教孩子学会积极参与

孩子在两三岁的时候有"我自己来"的心理需求，但这时他们往往什么也干不好。有的父母图简单省事，对孩子的这种主动性和表现欲采取不理睬的态度，仍像原先那样包办一切，结果阻碍了孩子心理的健康发展。

孩子要求"自己来"的时候，父母应因势利导，教他们一些自我服务的技能。其实，这种教育是很简单的，只要父母端正态度就可以了。一般来说，从身边的事情教起：比如穿衣服、脱衣服、吃饭、洗手、收拾玩具等。教这样的孩子不要急于求成，每件事都可以分解成若干小步，每次做到一两个小步，逐渐达到熟练的程度就可以了。

可以专门为孩子准备一些小工具，如小喷壶、小围裙、小拖把等。这样既能教会孩子技能，还可以给自己添个小帮手。

孩子有参与意识绝对不是什么坏事。很多孩子，特别是小孩子，常常看见大人们做什么，就吵着也要做什么。男孩子看见哥哥或父亲骑自行车，就会哭着要骑自行车——虽然他的脚还踢

不着踏板，却总是跃跃欲试。女孩子看见母亲洗衣，有时也哭着要洗衣。这既是孩子有参与意识的表现，也是孩子开始出现独立意识的表现，他们希望像大人一样有事可做。

因此，如果孩子出现这样的要求，父母不要随便给他们泼冷水：“你人才比车子高一点，就想骑车子，别把车子摔坏了。”“人小小的，就想洗衣，不要把衣服洗脏了！”等。

这样的冷水是很容易伤害孩子自尊心的，对他们的健康成长不利。孩子可能确实是太小了，还不能做这样的事情，可是能不能做这样的事情与孩子的参与意识相比，前者就显得微不足道了。孩子有了参与意识，有自己尝试的意愿，父母就应该尽力协助，给予孩子自由发挥的机会。这对孩子的成长很重要。孩子如果成功了，父母要加以鼓励。如果没有做好，不应责备，更不应该从此以后不让孩子做这样的事情，因为任何事情都有一个学习和熟悉的过程。

当孩子们要求做某种尝试时，即使我们知道会有许多困难，或者不会成功，也还是应该给孩子一个尝试的机会，让他们去考验自己的才能。有时孩子可能会想出父母想不到的办法，产生超乎寻常的构思。如果事先就以肯定会失败为由而不许孩子尝试，那么孩子内心潜伏的无限可能性就无法得到发挥。这种害怕失败的心理状态，会使孩子不敢轻易尝试新的事物，容易养成保持缄默和消极被动的习性。

而事实上，任何人走向成功通常都要经历多次的探索与失败。任何人在做一件事情的时候，都有一个学习与实践的过程，而且开始通常也都是做不好的。通过不断的实践，才由做不好达到做得好。就以洗衣服这样一件简单的事而论，孩子初次洗衣服时肯定洗得不干净。因为他没有洗过，没有经验，不知道怎样才能洗得干净。做饭也是一样的，很多人第一次做饭，不是少放了水，把饭煮得过硬，就是多放了水，把饭煮得过稀。这是不足为怪

的。因而，如果孩子第一次做什么事，做坏了，父母不要过于责备，而应帮助他总结经验，找出没有做好的原因，下次加以改进，可能就会做好了。

俗话说："失败是成功之母"，说的就是这个意思。没有失败，哪里会有成功？！

不过这个道理说起来简单，做起来事实上并不容易。我们发现，有些父母看见孩子没有把事情做好，就干脆自己过来代劳。他们的说法是："我自己动手省事得多。"这种越俎代庖的做法，对教育孩子是大为不利的。

对孩子的选择和决定，父母既应监督，也应检查。必要时，还应给予帮助，帮助和启发孩子做出正确的选择。这是因为孩子的选择有时不一定完善，可能会有不够妥当和欠缺的地方。只要没有什么不良的后果，父母就应尽量不插嘴，让他们自己去总结，并从中吸取教训。这样，孩子可能会获得更大的进步。

当然，在此过程中，父母的态度一定要平和，目的要明确，不要使用犹豫、不耐烦及粗暴的口吻。一句话，就是要让孩子明白父母到底要他做什么。比如父母要带孩子出门，不能说"快，走了"这样很笼统的话。而应该蹲下去，正眼看着孩子，很和气地说："把外衣穿好，帽子戴好，我们要出去了。"孩子如果按照要求做了，父母就应该抓住这机会进行表扬，强化孩子的这种行为：

具体地说，父母可以采用以下几种方法。

1．给孩子选择的权利

要让孩子参与，就要给孩子相应的权利。有的父母错误的认为，孩子如果有了适当选择的权利，就会产生占了上风的感觉。因此，常常只让孩子在"是"或"不"之间进行选择。其实这样会限制孩子的思考范围。但话又说回来了，刚开始的时候，也应提倡孩子在两样东西之间进行选择，以免把选择范围弄得太大，孩子无法进行有效的选择。

如果孩子选择了父母所提供的范围以外的东西，父母可以这样教导孩子：“这个选择不错，但它不在我们选择的范围之内。”让孩子有不符合游戏规则的感觉。

2．让孩子感到同父母一起做事有意思

孩子之所以愿意与父母一起做事，很大程度上取决于有没有意思。比如，孩子刷牙的时候，父母给他念一首刷牙的儿歌，让他跟着歌中的步骤刷牙，孩子就会感到很有意思。如果孩子拒绝穿衣服，父母可以对他说：“听，小裙子说话了：我是你的小裙子，快点把你的头伸进来。”父母大概会觉得这样做有点可笑，但孩子却是很喜欢的。

3．要强调合作的益处

父母要让孩子知道，跟大人合作也是为了他自己好。如果孩子明白了这一点，就会产生很高的积极性。一般的情况是，两三岁的孩子已经懂得好多道理了，父母用孩子能够接受的语言跟他解释做这件事对他的益处，孩子是可以接受的。比如说：“你和我一起把桌子收拾干净就可以画画了。”“你换好睡衣就可以听妈妈讲故事了。”

孩子只有希望参与，才可能取得参与的成果。即使孩子失败了，也不要灰心，要敢于让他接受再一次的失败，再进行下一次的参与。有这样的决心，你还怕孩子不积极参与吗？

讲给孩子的故事

积极参与才有希望

林肯的故事一直以来激励着许多人，最令人佩服的是他面对失败的态度。

1832 年，林肯失业了，这显然使他很伤心，但他下决心要当政治家，当州议员。糟糕的是，他竞选失败了。在一年里遭受两次打击，这对他来说无疑是痛苦的。接着，林肯着手自己开办企业，可一年不到，这家企业又倒闭了。在以后的 17 年间，他不得不为偿还企业倒闭时所欠的债务而到处奔波，历尽磨难。随后，林肯再一次决定参加竞选州议员，这次他成功了。他内心萌发了一丝希望，认为自己的生活有了转机："可能我可以成功了！"

1835 年，他订婚了。但离结婚还差几个月的时候，未婚妻不幸去世。这对他精神上的打击实在太大了，他心力交瘁，数月卧床不起。1836 年，他得了神经衰弱症。1838 年，林肯觉得身体状况良好，于是决定竞选州议会议长，可他失败了。1843 年，他又参加竞选美国国会议员，但这次仍然没有成功。

林肯虽然一次次地参与尝试，但却是一次次地遭受失败：企业倒闭、情人去世、竞选败北。要是你碰到这一切，你会不会放弃这些对你来说是重要的事情？

林肯具有执著的性格，他没有放弃，他也没有说："要是失败会怎样？"1846 年，他又一次参加竞选国会议员，最后终于当选了。两年任期很快过去了，他决定要争取连任。他认为自己作

为国会议员表现是出色的，相信选民会继续选举他。但结果很遗憾，他落选了。因为这次竞选他赔了一大笔钱，林肯申请当本州的土地官员。但州政府把他的申请退了回来，上面指出：“作本州的土地官员要求有卓越的才能和超常的智力，你的申请未能满足这些要求。”

接连又是两次失败。

这一切失败并没有使林肯服输。1854 年，他竞选参议员，但失败了；两年后他竞选美国副总统提名，结果被对手击败；又过了两年，他再一次竞选参议员，还是失败了。

林肯参与尝试了 11 次，可只有两次成功了。他一直没有放弃自己的追求，他一直在做自己生活的主宰。1860 年，林肯终于当选为美国总统。

告诉孩子

不懂参与，不敢尝试，永远也不会成功；参与了，哪怕只有百分之一的希望，也要鼓励自己继续下去，总会成功的。

39

让孩子远离嫉妒

做人处事箴言

嫉妒是一种极端消极、极端狭隘的病态心理，是孩子人际交往的一大障碍。它会限制孩子的交往范围，它会压抑孩子的交往热情，它甚至能使孩子与朋友之间充满敌意。对于孩子的嫉妒心理，父母要合理引导，尽快消除。

星期天，姑姑带着两岁的小弟弟来到嘟嘟家做客。小弟弟可爱极了，大家都争着去逗他玩。一开始，嘟嘟也挤过去亲了亲他，但不大一会儿，嘟嘟就有些不高兴了，大家都围着小弟弟转，没人理她了。于是，嘟嘟开始大声唱歌，可是没人注意她；嘟嘟又跳起了在幼儿园刚学会的舞蹈，还是没人注意她。嘟嘟气愤极了，一把抢过小弟弟抓在手里的玩具熊，狠狠摔在了地上。

妈妈看到了，问嘟嘟是怎么回事。嘟嘟气愤地说：“我不喜欢弟弟来我家！”

姑姑意识到嘟嘟是嫉妒小弟弟了，急忙说：“我听说嘟嘟学会了唱歌，也学会了跳舞，表演给我们看吧！小弟弟还什么都不会呢！弟弟今天来就是想学唱歌跳舞的。”

妈妈和姑姑相视一笑，也趁机说：“嘟嘟，教教弟弟吧！”

嘟嘟的对抗情绪渐渐缓和了，也愿意接近弟弟了。

延伸阅读

注意纠正孩子的嫉妒心理

嫉妒是人类的一种普遍的情绪表现。嫉妒之心，人皆有之，即使是孩子也不例外。我们常会看到两三岁的孩子看到妈妈抱起别人家的孩子，他就会很快地跑过去，叩叩他的头，或抓他的脚，想把那个孩子支开，并且会立即要求妈妈抱自己。虽说嫉妒是一种可以理解的正常情绪反应，但这并不意味着家长可以采取听之任之、放任不管的态度。因为经常的嫉妒反应情绪，会演变为人格的一部分。另一方面，孩子嫉妒心过强，也容易受外界的刺激，而产生诸多不良情绪。这不仅影响进步，而且对身心健康极为不利。

孩子产生嫉妒心理的原因是多样的，比如和自己成绩差不多的同学被老师选为班干部，这时自己的心里就会有种说不出的滋味；看到别人有一支漂亮的自动铅笔，就特别羡慕，千方百计地想得到，否则就耿耿于怀；有的是在竞争中受挫会导致他对成功者的嫉妒；因老师对他人的表扬而产生嫉妒；因自己容貌欠美，身材欠佳而对生理条件优越的同学产生嫉妒。嫉妒之心会腐蚀人的灵魂，但是我们父母往往会忽略了它对孩子幼小心灵的伤害。我们做父母的要了解孩子嫉妒心产生的原因，从而进行有针对性的教育，帮助孩子摆脱嫉妒心的纠缠。

父母要培养孩子宽阔的胸怀，引导孩子战胜嫉妒心理。

帮助孩子提高自我认知水平，发展孩子的内省智能，是克服嫉妒心理的基本途径之一。

有些家长一旦发现孩子嫉妒心强，就很生气，故意在他面前说："你的同学你强多了，你应该向他学习。"但是这样做只能加深孩子的嫉妒心，使他对同学怀有敌意。所以，这种做法是不可取的。正确的做法应该是，家长要告诉孩子，每个人都会有他的优点和缺点，只要你努力，取长补短，不断地超越别人，这样，就会和别人一样优秀。如果家长平时能做到这一点，等于是在抑制孩子的嫉妒心理继续滋生。随着孩子认知能力的发展，他就会知道每个人都会有有限的能力，他不可能各个方面都比别人强。

有的孩子对自我的认知能力比较强，这样，就比较容易培养他的移情能力。移情，简单地说，就是凡事都可以设身处地为别人着想。移情能力，是孩子心理成熟的一个重要标志。只有心理成熟的孩子才会自我排解嫉妒心理。

家长可以鼓励孩子多参加一些竞赛性强的游戏，对于处在嫉妒心态中的孩子来说，游戏的功能就在于，能让孩子多一些体验成功与失败交织的矛盾感受。多经历一些这样的心理上的矛盾冲突，可以让孩子的心理调试机能得到很好的锻炼。刚开始的时候，家长可以一边让孩子学习游戏规则，一边和孩子一起玩。慢慢的，就试着鼓励孩子跟其他的小朋友一起玩。如果孩子赢了比赛，家长可以在和孩子一起开心的时候，多问问孩子，他为什么会赢，一个人会一直赢吗？当孩子输了，家长不要表现出一副很难过的样子，应该对待这件事情，让孩子明白，在比赛中的输赢是非常正常的。一场比赛，输了可以再赢，赢了也可能会再输。

嫉妒的范围也是很广的，包括嫉妒人、嫉妒事、嫉妒物。手段也多种多样，有的挖空心思采用流言蜚语进行恶意中伤，有的付诸手段卑劣的行动。事实上，嫉妒心本身就是一种自私的表现，会使人在处理问题时完全以自己为中心、情绪化反应强烈、自控力差、缺乏理性，很难对事情的利弊做出恰当的判断。

嫉妒对个人、集体和社会均起着耗损作用，是一种对团结、友爱非常不利的情感。这种缺点如果保留到长大以后，那么孩子就很难协调与他人的关系，很难在生活中心情舒畅。所以对于家长而言，要及早纠正孩子的嫉妒心理。

讲给孩子的故事

嫉妒是心灵的地狱

有一个人，非常嫉妒他的邻居，他的邻居越是高兴，他越是痛苦；他邻居的生活过得越好，他越是不痛快。他每天都盼望他的邻居倒霉，或盼望邻居家着火，或盼望邻居得什么不治之症，或盼望下雨天打雷能劈死邻居家一两个人，或盼望邻居的儿子夭折……

然而，每当他看到邻居时，邻居总是活得好好的，并且微笑着和他打招呼。这时他的心里就更加不痛快，恨不得给邻居的院里扔包炸药，把邻居炸死，但又怕偿还人命。

就这样，他每天折磨自己，身体日渐消瘦，胸中就像堵了一块石头，吃不下也睡不好。

终于有一天，他决定给他的邻居制造点晦气，这天晚上他在花圈店里买了一个花圈，偷偷地给邻居家送去。当他走到邻居家门口时，听到里面有人在哭，此时邻居正好从屋里走出来，看到他送来一个花圈，忙说："这么快就过来了，谢谢！谢谢！"原来邻居的父亲刚刚去世。这人顿觉无趣，"嗯"了两声，便走了出来。

告诉孩子

嫉妒别人的人总是拿别人的优点来折磨自己。所以有人说，嫉妒是心灵的地狱，害人也害己。

40

让孩子正确地对待异性

做人处事箴言

“喜欢与人相处”、“渴望被人爱”是人的本性，再加上青少年对异性充满好奇心，所以孩子进入青春期后很乐意与异性交往。作为父母虽不能过多干涉孩子交异性朋友，但也不可不闻不问。正确加以引导，使孩子学到更多东西，避免走入误区，才是最重要的。

娇阳长得特别漂亮，也很阳光，每天都快快乐乐的，是个人见人爱的女孩子。不仅如此，她的学习在班上总是数一数二的，从来不需要父母操心。

可是，最近妈妈却发现，娇阳的成绩下降了。一次偶然的机会，妈妈发现有男同学喜欢娇阳。妈妈问她，她也承认，但她坚决否认那是“早恋”。娇阳说：“我也不知道是不是喜欢那个男孩，只是对异性交往很好奇。别的女生有男孩喜欢，自己也希望有男同学爱慕。”

妈妈听了，平心静气地告诉娇阳：“你已经长大了，有了

自己交心的异性朋友，说明你的情感发展很正常，而且妈妈很为你骄傲。因为有男孩子喜欢你，说明你很有魅力。”

娇阳搂住妈妈的脖子，开玩笑说：“那是，妈，这还不都是您教女有方的结果。”

妈妈接着说：“在妈妈的眼里，你是优秀的，只有更优秀的男孩子才可以配得上你。妈妈希望你们两个人的交往能互相促进彼此的学习，使彼此变得越来越优秀。”

娇阳亲了妈妈一下，说：“妈妈，我爱死你了！当初学习成绩下降就是因为怕您不理解我，说我早恋，所以，思想上一直有负担。现在请妈妈放心，我一定会把学习再搞上去的！”

妈妈没想到，孩子居然把真心话都说出来了。

延伸阅读

引导孩子正确与异性交往

进入青春期，孩子的性意识开始觉醒。青春期性的需求，主要表现在与异性交往中满足自己对异性的好奇心，以及释放性心理能量。正常的男女间的交往有利于相互了解，消除男女之间的神秘感，还可以得到智力上互渗、情感上互慰、个性上互补和学习中互激的作用。善于与异性交往的青少年往往是开朗、活泼的，心理不受压抑。但一定要区分开友情和爱情，否则就会造成严重的后果。

友情是以友爱为出发点，是有共同目标的朋友之间的深切感情，爱情是以性爱为基础，是以结婚为目的的活动。爱情是两性之间所存在的一种特殊关系，需要通过理智、道德、意志来实现，需要负社会责任和法律责任。

青春期的异性关系是一个最容易被误解、又最容易出问题的问题。大多数父母、老师意识到自己的孩子或学生已经情窦初开时，或者只是在心里暗暗着急，或者旁敲侧击地去劝阻，或者不由分说地去制止，很少与青少年开诚布公地沟通，更不会为他们提供指导。但是在茫茫人海中，除了男人就是女人，异性交往不但不可避免，而且还是每个人一生中最基本最重要的交际形式之一。所以，如果父母真的关注孩子的生活幸福、事业成功，就必须让孩子具备与异性相处的本领，教会孩子正确把握与异性交往的尺度。

青少年的交往往往是凭直觉进行的，是纯洁和美好的，对这种友谊父母应当格外尊重和鼓励。让孩子与异性自然交往，告诉他不要把异性视为特殊对象而感到神秘和敏感，形成一种人为的紧张和过分激动的心态，也不必因对某个异性有好感，愿意与之交谈、接触，就认为自己爱上了对方，或以为对方对自己有情，错把友谊当爱情来追求。父母也不要把青春期的异性交往看作是“早恋”，是一种“错误的要求”或“会闹出乱子的坏事”，而想办法去“制止”、“拆散”。

父母要教育处在青春期的孩子用平常心态对待异性朋友，控制性冲动，培养自己的健康人格，端正性观念和批判“性解放”思潮。有人认为只要女孩愿意，男孩不吃亏，男女之间的性交往是很正常的。其实不然，男孩一旦放纵自己，不仅会给女友带来灾难，也会使自己产生强烈的罪恶感。

其实，学会与异性交往是“青春期”最重要的社会目标之一。按照人类心理社会发展的自然进程，一个正常人从初中开始就需要学习建立异性友谊，因此与异性交往并非是“长大以后的事”。相反，如果真的等到离开学校走上社会以后才开始学习与异性交往，很可能就会因为缺乏锻炼而成为这方面的“困难户”。但是与异性交往时，要掌握好尺度，否则会适得其反。如果孩子是男孩，作为父母可以这样指导他。

1．没必要过分拘谨

在和女生的交往中该说就说、该笑就笑，需要握手就握手，这都是很正常的，要是忸怩的话反而让人家讨厌。当然，要是过分随便的话，一定会把小女生吓跑。

2．不要太严肃

太严肃让人不敢接近，望而生畏，可以不失时机地表现一下幽默感，这样比较容易受欢迎，但不要发展成油腔滑调。

3．学会绅士风度

很多时候女性被视作弱势群体，所以“男子汉”们要学会谦让、学会保护女士。比如一起在马路上闲逛时，男孩子应该走在靠车行道的一边；进出门时，男孩子要给女士开门，让女士先进先出等。可以从“照顾”妈妈开始，训练男孩子的绅士风度。

如果是女孩的话，父母要让她们务必注意保持与男孩子交往的尺度，做到既能展现女孩子的魅力又能避免吞食苦果。

1．不要过分热情

如果女孩子在交往中表现得过分热情，就会让对方觉得是轻佻之人，往往会产生非分之想，不利于正常交往。

2．要保持警觉

“食色，性也”，不排除很多男孩子都有好色之嫌，所以女孩子要时刻保持警觉性，这样才能及时发现色狼的不良动机，采取防御行动。

3. 不要总是不理不睬

虽然在交往中一般都是男孩子采取主动，但是如果女孩子一直不理不睬的，保持着“冰山冷美人”的形象，不用多久就没有男孩子敢接近了。

除此之外，父母还要让孩子在与异性交往的过程中，保持广泛接触和群体形式，注意交往的分寸；少与异性单独接触，没有特殊需要不单独约会；注意把握和控制自己的性冲动，避免由于朦胧而产生的偏差，珍惜少男少女的纯洁；理智地、有分寸地对待出乎意料的感情越轨，尤其对待“性诱惑”要敢于说“不”。

讲给孩子的故事

有时爱的太多也是错

有一个湖，叫天鹅湖，湖中有一个小岛，住着一个老渔翁和他的妻子。渔翁摇船捕鱼，妻子养鸡喂鸭，除了买些油盐，他们很少与外界往来。

有一年秋天，一群天鹅来到岛上，它们是从遥远的北方飞来，准备去南方过冬的。老夫妇看到这群远方来客，非常高兴，因为他们在这儿住了这么多年，还没有谁来拜访过。渔翁夫妇拿出喂鸡的饲料和打来的小鱼招待天鹅，渐渐地这群天鹅就和渔翁夫妇成了朋友。它们在岛上不仅敢大摇大摆地走来走去，而且在老渔翁捕鱼时，它们还随船而行，嬉戏左右。

冬天来了，这群天鹅竟然没有继续往南飞，它们白天在湖上觅食，晚上在小岛上栖息。当湖面封冻，它们无法觅食的时候，

老夫妇就敞开他们的茅屋让它们进屋取暖，并且给它们食物。这种关爱一直持续到春天来临，湖面解冻。

日复一日，年复一年，每年冬天，老夫妇都这样奉献着他们的爱心。后来，他们老了，离开了小岛，天鹅也从此消失了，不过它们不是飞向了南方，而是在第二年湖面封冻的时候被冻死、饿死的。

告诉孩子

爱是人间最美好的情感，但有时候爱得太多，反而会对被爱者造成伤害。

41

让孩子学会巧妙地回击“小恶霸”

做人处事箴言

孩子受了欺负，应找对方的父母进行沟通，让他去严格教育自己的孩子。有些纠纷父母不便直接介入，可以通过老师进行协商教育。对孩子来说，老师是权威，他们解决问题的效果会比较好。

叶子班上有个叫壮壮的男孩，凭借自己人高马大经常欺负弱小同学。有好几次，叶子伤心地告诉妈妈，壮壮揪她头发，还用小剪刀剪她的新裙子。

妈妈看着委屈的叶子很心疼，也很气愤，但妈妈还是尽量克制自己，然后平静地说：“他再欺负你，你就大声呵斥：“‘你这样不对！’然后告诉老师。妈妈明天会跟老师说的。”

可是第二天，叶子却红着眼圈说：“壮壮说我打他小报告，让我以后小心点！”

妈妈已经跟老师交涉过了，得知壮壮没妈妈，爸爸又不务正业，也挺可怜。叶子告诉妈妈，壮壮最怕、也最尊敬警察。于是，由爸爸的一个朋友穿着一身迷彩服去送叶子上学，妈妈告诉叶子这位叔叔是警察。

到学校时，看到了壮壮，叶子拉紧叔叔的手，用眼睛紧盯着壮壮说：“我叔叔是警察，你再欺负我，我就告诉叔叔。”

叔叔摸着壮壮的头说：“爱欺负女生的可不是男子汉呀！”

后来，叶子回家说，壮壮不再欺负她了。

延伸阅读

教孩子学会应对“侵略”

孩子遭到同伴欺负，甚至挨了拳脚，对父母来说，是件非常烦心的事。父母看着孩子委屈的样子，心疼得不得了，但还是得克制自己，要冷静。想想自己的孩子为什么被欺负，在想想对方为什么爱打人。只有找到了事情的根源，才能从根本上解决问题。

如果孩子经常受欺负，那么父母就要考虑，看看孩子的交往方式是否有问题。孩子在同伴中总是处于弱势，对孩子的成长是极为不利的。父母应从自己孩子身上找到问题的症结并加以正确的引导，帮孩子调整与同伴交往的策略。对于处在交往弱势的孩子，决不能强行地要求他“打回去”。因为孩子本来可能就比对方弱小，万一孩子动了手也“打不回来”，孩子就更紧张了。而且，轻易教孩子以动手方式来解决问题，容易使孩子间的争斗升级，形成你不让我、我不让你的激烈局面，最终可能造成更大的伤害。

小孩子爱打人的原因是多方面的。两岁多的孩子，正处在

以自我为中心的时期，他们总认为这是我的，那是我的，不懂得分享、合作，争抢玩具更是常有的事。还有一些孩子的语言发展滞后，不能用语言正确处理和小朋友的问题，也易发生咬人、打人、抓人的现象。当然，也有一些孩子，打人根本就不是因为要攻击对方，而是向对方表示友好，只是他不懂得轻重，比如亲小朋友的时候像是在咬人，弄疼了被亲的小朋友，两个人就打起来了。

弄清了孩子被“侵略”，和一些孩子“侵略”别人的原因，父母就要正确地加以引导了。

1．教孩子学会宽容对人

一般来说，孩子平时所受的欺负，无非就是被逗了一回，推了一把，如果没有很严重的伤害，父母完全没有必要大惊小怪。我们可以抓住这样的事例对孩子适时进行引导教育，让孩子体会到这种行为会对别人造成伤害，是大家都不喜欢的。要从培养孩子的爱心出发，尽可能地去淡化人与人之间的“敌意”，教孩子宽容待人，学会谅解别人。

2．教孩子学会躲避危险

在家里，父母可以和孩子玩一玩游戏，比如妈妈和宝宝追打着玩，打宝宝身体时，看看他是否能迅速躲避，假装要打他的脸时，看看他是否会扭头避开。同时，允许孩子和要好的小伙伴之间打闹，这是孩子的一种学习方式。从游戏中，孩子也能逐渐学会躲避危险。

3．教孩子学会大声求援

有的孩子生性软弱，当别人欺负他时，只知道向后退，一直退到墙角。孩子越是退缩，攻击他的孩子越是厉害。对这样的孩子，家长应当告诉他，不用害怕，要大声喊老师或大人，

老师或大人的到来，能阻止攻击他的孩子，同时高声地喊叫，能吸引其他小朋友的注意，使攻击他的孩子住手。

4．引导孩子在实践中积累经验

两个孩子打架，引来各自父母相帮，当父母之间吵得不可开交时，两个孩子却早已和好如初，又玩得很开心了。孩子间的打闹争斗是平常事，是他们交往过程中的必然经历。孩子就是在今天吵明天好的过程中积累生活经验，学会与人相处的。做父母的决不能以成人的标准去衡量孩子的行为。顺其自然，让孩子通过自己的方式去解决问题。相信孩子通过摸索实践，最终会找到交往的“度”。

5.教给孩子解决争执的方法

父母要允许孩子和小朋友一起玩。几个要好的小朋友，有时也会出现争执的场面，此时父母可以在一旁静静地观察孩子们如何处理。当孩子们无法正确处理时，再帮他们解决。经过这样的交往，随着年龄的增长，孩子是能逐渐学会处理问题和争执的。

讲给孩子的故事

一把坏椅子换来的友谊

徐远正读小学二年级。上周一，徐远进教室后，一屁股坐到自己的位子上，没想到被摔得四脚朝天，惹得全班学生哄堂大笑。后来，同桌告诉徐远，一个来得早的同学把他的好椅子换成了一把三条腿的椅子。

中午，徐远回到家，跟爸爸说起这事时愤愤不平：“下午我非要告状不可！”爸爸却不赞成孩子这样做。这天下午，爸爸带上工具，和儿子一起提前到校，把教室里损坏的椅子都修好了。

次日中午放学时，徐远兴冲冲地告诉爸爸：“换我椅子的同学向我道歉了，他把好椅子还给了我，还邀请我去参加他的生日晚会！”

告诉孩子

同学之间发生了摩擦，告状往往并不能很好地解决问题，而且还会牺牲同学之间的友谊。而以宽容坦荡的心胸去面对，反而会使对方自惭形秽，主动认错。

42

让孩子学会化解矛盾

做人处事箴言

孩子之间相互争吵、打架，然后又自己和好，就在这一来一去之中，孩子的交友能力便锻炼出来了。小纠纷能促使孩子慢慢地明白，蛮横、不讲理、任性和霸道在社会上是行不通的，孩子也渐渐地会掌握一些与人相处和妥善处理问题的方法。

在抢玩具时，一个小朋友不小心把盈盈的额头抓伤了，留下了一条红色的印子。

离园时，妈妈来接盈盈了。妈妈看到自己的孩子“挂了彩”，赶快抱起孩子，亲了亲问：“疼吗？跟小朋友闹矛盾了？”

盈盈说：“小朋友跟我抢玩具，不小心抓伤的。不疼了。”

“那小朋友有没有跟你道歉？”妈妈耐心地问。

“小朋友跟我说对不起，也不跟我抢玩具了，我们一起玩了很长时间。” 盈盈一点也不生气。

看到孩子没有一点伤心的样子，妈妈也就放心了。

延伸阅读

正确看待孩子之间的纠纷

孩子在一起玩耍时，打打闹闹的事经常发生，这种摩擦、打闹的处理过程也是孩子学会与人相处的课程之一。孩子怎样处理自己与他人的关系，尤其是孩子在与同龄人发生纠纷以后，父母应该怎么做，是我们经常遇到而又必须及时处理好的一个现实问题。

孩子的是非观念尚未明确形成。尤其是现在有些独生子女从小缺少伙伴，在家备受父辈、祖辈的宠爱，有的孩子性格就暴躁，而且自私，在同伴中稍有不如意，便拳脚相加。另有一些孩子因受到父母过分的呵护，反而失去了自我保护的能力，在粗暴、骄横的孩子面前不知所措。因此，作为父母，应当把教会孩子处理好与伙伴之间的纠纷，看作是培养孩子人际交往能力，使孩子形成健康的人格，提高孩子分辨是非能力的重要时机。

孩子之间发生纠纷，是他们在群体交往中协调、解决矛盾的一种手段。孩子们就是通过这种不断解决矛盾的过程，学会怎样坚持独立的见解，学会怎样竞争怎样协调，学会适度地表现自己，同时学会忍耐的。因此，如果孩子的纠纷发生在正常交往中而且并不十分厉害，父母就不应过多干涉，让孩子自己去解决好了。这有利于提高孩子的协调性和社会交往能力。

如果孩子之间发生了严重的冲突，父母要先加以制止，以防

止不必要的肉体伤害。对问题的解决应坚持：孩子自己能解决的问题，尽量让孩子自己解决；孩子自己解决不了，求助于父母，父母切莫简单处理，武断对待。更不能越俎代庖介入孩子之间的纠纷，不问青红皂白打骂自己的孩子或别人的孩子。

常言说“一只巴掌拍不响”，很多时候，父母应先管教自己的孩子，这不是什么吃亏的事，也不在于谦让，而在于让孩子认识自己身上存在的错误和不足，有利于他的成长进步。即便完全是对方的过错，也可以和对方家长坐下来协商解决，可以配合学校解决，学校解决不了的，还可通过法律途径解决。家长介入孩子之间的纠纷，无助于孩子之间的和解，反而会激化家长之间的矛盾，使原本孩子们之间的打打闹闹，变成了大人之间的恩恩怨怨，事情的性质变了，解决的难度也大了。

从另一个角度讲，家长过分介入孩子纠纷，时时充当孩子的“保护伞”，容易造成孩子的依赖心理，不利于培养他们直面纠纷的勇气和解决纠纷的能力，反而会让他们变得更加有恃无恐，肆无忌惮。家长能“保护”孩子一时，能“保护”他一世吗？所以，让孩子自己面对纠纷，解决纠纷，在与同伴的吵吵闹闹中学会如何与人为善，如何化干戈为玉帛，才更利于孩子性情的锤炼和能力的提高。

父母在了解到孩子与同学之间有了摩擦之后，应引导孩子自己想办法解决。家长可以先适当地给予抚慰，并帮助孩子分析事情发生的原因，让孩子有正确的是非观，分析原因后是自己孩子不对，父母应明确指出孩子的不对之处，并进行教育，还应该让孩子向对方赔礼道歉，指导孩子道歉时应注意的礼貌用语。假如分析原因后是对方的不对，父母也应指导孩子学会正确处理问题的方法。

属于在正常交往中发生的小冲突，可让孩子采取忍让、不予理睬的方法，这有利于培养谦让宽容的良好品质；如果属于孩子的既得权益受到侵犯，可让孩子据理力争；对经常欺侮人的同学，可以采取回避的方法，或向教师、家长反映情况，这个时候成人才可介入。

孩子之间发生冲突，家长要以诚相待，宽以待人，讲文明礼貌，从而给孩子树立一个很好的学习榜样。切莫因孩子在交往中的问题引起家长之间的不和睦，造成不良的影响。

讲给孩子的故事

打破自习秩序的纠纷

一天早自习，老师刚走到班教室门口，就听到教室里气氛不对，原来两个孩子正在扭打在一起。看见老师，两个孩子都停下了，但双方都瞪着眼睛，扭着脖子怒视着对方。老师平静地说："请同学们抓紧时间学习，你们俩和我去办公室。"

在办公室，老师让他们分别叙说打架的理由。俩人似乎都感到很委屈，不断争辩，各说各有理，试图把责任推给对方。在他们的辩解中，老师了解了事情的经过。他俩是前后位，只是一个不小心踩了另一个的脚。

面对他们的争辩，老师说："我知道你们俩都很委屈，老师能理解，现在我只想让你们想想整个事件中哪些地方自己做得不够好，想好了再和我说说。"听老师这么一说，他们停止了争辩，都不吭声，低头不语。

老师乘机离开了办公室，到教室巡视自习情况。当老师再次来到办公室时，一个孩子主动上前说："老师，是我不对，不该踩

他的脚，而且出口骂人。”另一个孩子见对方态度诚恳，也赶忙说：“老师，我也做得不对，再怎么也不该动手打人，还严重影响了全班的自习纪律。”

老师一看火候已到，就用商量的语气问：“你们说今天的问题怎么处理？”这次，先动手打人的孩子态度诚恳地走过去，主动握住对方的手说：“真对不起，我不该动手打人，请你原谅。”踩人脚的孩子也忙说：“我也请你原谅。” 就这样，一场纠纷排除了。在整个处理过程中，老师几乎没说什么，但是效果出奇的好，也没有给学生留下后遗症。

告诉孩子

一个巴掌拍不响，发生纠纷后，不要一味掩饰自己的过错，而指责对方做得不够好。勇于承认自己的不足，矛盾就会得到解决。

43

让孩子的话语变得洁净

做人处事箴言

有些父母听到孩子偶尔学说一两句骂人的话，感到很有意思，甚至还鼓励孩子用这些骂人话去骂这个骂那个。这是非常错误的，也是很危险的。因为，在父母的鼓励或默许下，孩子很容易养成骂人的坏习惯。

依依最近学会了骂人，爸妈怎么教育她，都无济于事。

妈妈决定给孩子提供一个纯净的语言环境，于是统一了全家人的思想：不准在孩子面前说脏话；在孩子说脏话时，假装没听见，既不表现出生气的样子，也不笑；不当着孩子的面议论她说脏话的事。

有一次，爸爸说了句脏话，妈妈就对依依说：“看，爸爸说脏话了，去批评他。”这样，既没正面批评孩子，又让孩子知道说脏话不好。

慢慢地，依依不再说脏话了，而且，听到别的孩子说，她还会去纠正。

延伸阅读

纠正孩子骂人的毛病

孩子就是一棵成长的小树，而父母就是园丁，为了能使小树长得更直更高，看到小树长出偏叉的时候，打一下叉子是很有必要的。孩子骂人，是一种极不文明的行为，轻者有伤和气、重者引发他人怨恨和报复。生活中许多孩子的人际冲突常常是从骂人开始的。骂人就像孩子这棵小树上长出的叉子，需要及时拔掉。

具体来说，父母应怎样纠正孩子骂人的毛病呢？

1．问问孩子为什么骂人

父母应观察孩子的成长状态。当孩子骂人的时候，要反复询问孩子在骂什么，为什么骂，需要什么。搞清楚孩子有关需求的信息后，再以不骂人行为作为条件来满足孩子的需求。这样做，孩子的骂人行为可以得到重塑，但需要多次反复，以搞清信息和给予奖励为基本手段。

2．去除环境中的“污染”

父母不要认为孩子骂几句脏话没什么大不了的，甚至拿孩子骂人的话出来炫耀。殊不知这样做会使孩子产生说脏话骂人可以博大人一笑的错觉。这会在无形之中鼓励孩子说脏话。

孩子天生是不会骂人的，孩子学会骂人是受周围环境的影响。即在孩子的生活环境中，能有机会听到、学到骂人，并且成人觉得“好玩”并发笑实际上是对孩子的一种鼓励，更强化了孩子的这一行为。

刚学会说话的孩子还不能判断自己说的话是好是坏，只是跟着别人讲。因此，要改正孩子的骂人的习惯，首先，是去除环境中的“污染”，让孩子接触不到粗话和脏话；其次，在孩子说脏话骂人的时候，可先采取置之不理的态度，使孩子得不到鼓励和强化，使孩子认识到这一方式不能引起别人的注意，就会减少这一行为直至消失。

3．教孩子正确宣泄

在多数情况下，孩子骂人是对自己受到伤害的一种宣泄，如在公车上被人踩时，往往就会骂人。父母应教育孩子以善良之心看待与他人的摩擦，让孩子明白地球很拥挤，随时都会发生不愉快的事情，使孩子学宽容他人的过失，不要为这些小事而生气、赌气。

当然，父母也要帮助孩子学会适当的宣泄方法。如：鼓励孩子诉说衷肠，培养自己的幽默感等等。

4．严肃批评骂人的孩子

当孩子骂人后，父母要严肃批评。批评时可以向孩子提出下列问题：不用骂人的方式以善“还击”行不行？骂人能解决问题吗？被骂者会产生怎样的态度和采取什么手段报复等等。其目的在于使孩子认识到骂人有害无益。

但父母一定要注意批评孩子的方式。有些父母听到孩子骂人时，可能会大声地使用一些很荒谬的字眼训孩子，比如：“你是白痴啊！难道不会说些比骂人更好听的话吗？”

父母这样教育孩子是很好笑的。这样会让孩子误以为，使用“白痴”这些字眼不是在骂人。父母必须适当引导自己愤怒，对孩子做出合理的解释，让孩子知道你是为了什么而感到沮丧生气。而且让孩子知道他说不同的话，会给他人不同的感受。并且教导他，当他想要骂人时该如何做。

讲给孩子的故事

骂人后的惩罚

当父母第一次听到他们四岁半的宝贝女儿莎莎，骂她的朋友“笨蛋”、“混球”，甚至还有“狗屎”时，他们感到非常的震惊。他们从不在家里说这些话，所以他们实在想不通莎莎是从哪里学来的。他们乱了方寸，不知道该怎么办才好。

“莎莎，不要骂人。那样说话可不好哦！”莎莎每一次骂人时，妈妈都会这样对女儿说，但似乎都没有用。不久，莎莎跟父母说话时也开始用粗话，这使得她的父母不得不责打她，但莎莎依然没有改掉骂人的恶习。

最后，妈妈试着用另一种方法：她开始在白天更细心地观察女儿的行为，了解她什么时候玩得开心。当莎莎和她的堂妹小雅一起玩过家家，为洋娃娃穿衣服时，妈妈说：“你们能乖乖地在一起玩真的是很棒！”但是当小雅试着要把莎莎的娃娃放在蓝色玩具车时，莎莎大声喊道：“小雅，你是大笨蛋啊！你明明知道那是我的车子！”妈妈立刻以很平静的态度告诉孩子们，她必须把莎莎带走。然后对女儿说：“很抱歉，你骂小雅笨蛋，现在你的游戏将被暂停，等你准备好了，再出来和小雅玩。”

莎莎被隔离，妈妈规定她只许坐在椅子上。几分钟之后，莎莎明白了妈妈所说的暂停的意思：当她骂人时，她的游戏将被停止，没有人理会她。这使她意识到，随便骂人是不讨人喜欢的。慢慢地，她骂人的次数就越来越少了。

告诉孩子

骂人是一种极不礼貌的行为，很多矛盾都会因骂人而激化。不要觉得骂人的话好玩就去学，要知道，被骂的人会很伤心，很难过，甚至会采取报复行动。

44

让孩子做小主人

做人处事箴言

在与别人交往的过程中，父母可引导孩子学会自如地表达自己的意见，并处理交往中出现的各种矛盾。让孩子在不断的协调、适应中学会如何与他人和谐地相处与协作。

有一天，家里来了几位美国客人，这家的小男孩看见家里来了外国客人很新鲜，就热情地同客人打招呼。客人还夸小男孩懂事。可是，小男孩的妈妈却说：“懂事什么呀，今天你们来了还说句话，平时来了客人连句话都不会说。”然后就对男孩儿说：“去，回房间去，大人说话你插不上嘴。”

听了妈妈的话，刚才还很高兴的小男孩，变得一脸不高兴。

美国客人急忙说：“没关系，我们也是需要跟小孩子交朋友的！”

男孩儿的爸爸趁机对小男孩儿说：“妈妈是怕你对客人不礼貌，只要不捣乱，客人是很喜欢你的。爸爸和叔叔谈话结束之后，你可以问问叔叔去非洲大草原旅行的情况。”

孩子果真没捣乱，而且听故事听得津津有味。

延伸阅读

发展孩子的交际能力

让孩子学会建立和处理好各种人际关系，对于孩子将来的发展来说，是很重要的。因此，在孩子交往的过程中，父母要正面引导孩子与小伙伴合作，让孩子养成平等协作、忍让谅解等社会交际中的规范习惯。

搞好人际关系是人生的一门艺术，父母应该创造良好的家庭氛围，与孩子建立起温馨美好的感情。在这种环境气氛的熏陶下，孩子就可能与他人相处得快乐而融洽。当然，父母还要有意安排孩子经常与其他小朋友一起玩耍，并随时欢迎孩子的朋友到家里做客。在游戏之中，孩子们常常都会很开心，更重要的是，游戏能让他们学会与人交往的艺术。

现在，越来越多的孩子都有某种孤独倾向。譬如，尽管一人在家感到寂寞，却又不愿与人交往，不愿参加集体活动。偶尔与人交往或参与集体活动，这些孩子也会表现得不自然不投入，甚至还会不知所措。而且，这些孩子还有独占、独享等不良的心理和行为。

据报道，中国目前至少有五六十万幼儿孤独症患者，而如上所述的那种有孤独倾向的孩子，则远远不止这个数目。由此可见，孤独已经成为孩子健康成长的潜在杀手，父母必须高度警觉。

那么，到底是什么原因导致孩子这么孤独呢？其一，孩子没

有兄弟姐妹，而父母又多为双职工，很少有人有时间陪伴孩子；其二，由平房的开放性转向楼房的封闭性，居住环境的变化使孩子们之间的交往明显减少；其三，许多父母出于种种考虑，不鼓励孩子之间串门走动；其四，父母对孩子娇宠过度，使孩子误以为只要自己快乐就行，不必关心别人等等。

应当指出，上述原因已经构成扭曲孩子人格的危险因素。

心理学家曾做过一个著名的关于恒河猴的实验。他们将有的恒河猴群体喂养，而将有的恒河猴单独喂养。结果发现：群体喂养的猴子合群、健壮、活跃、生命力旺盛，单独喂养的猴子则孤僻、胆小、不合群，甚至连生殖能力都下降了。

这个实验给我们的启示是深刻的，即孩子是不能离开群体的。说得具体一些，孩子身上尤其是人格方面的某些缺陷，靠一家一户的封闭教育是难以奏效的，应依靠群体的作用，以群治独。在许多时候，孩子们之间的相互影响超过了大人对孩子的影响，因为孩子更渴望同伴的承认与接纳，而年龄越大这种渴望越强烈。因此，以群治独，让孩子走出孤独融入群体，才是培养孩子健康人格的明智选择。

人最先的时候与动物是一样的，可能正因为如此，有一种语言中把还没有学会说话的孩子称为“东西”，而学会说话之后才被称为“人”。人与其他动物一样，靠观察、经验累积及模仿等方式，来学习许多生活中的基本技能。

孩子在成长的过程当中，慢慢地学会了观察周围的各种各样的人、物等，从中学到许许多多东西。在这个学习的过程中，模仿其他人的行为，成了一个孩子人格形成的重要组成部分。

只要细心一点父母们就可以发现，自己平时说话惯用的字眼、语气、腔调或是一些习惯性的小动作，都会在孩子身上表现出来。父母不必感到惊讶，因为在日常生活中，可以说孩子

天天都在模仿着你。经过日积月累，孩子终于在你的身上学到了不少东西。所以，要培养孩子善于交际的好习惯，做父母的自己首先要做出榜样。该和什么样的人交往，不该和什么样的人交往；该怎样交往，不该怎样交往……都要以言传身教的方式让孩子明确。

人际交往是人与人之间相互联系的最基本的方式。未来社会的许多工作都需要人们通过协作去完成，这就必须让孩子从小就学会与他人交往、协作。英国北伦敦大学的心理学家研究发现，在小学中人缘最好的学生，往往是那些上过正规幼儿园的孩子。他们不仅朋友多，而且社交能力也更强。

孩子在成长期与社会隔绝，不光是社交能力，连认知能力、判断能力、魄力等等都和社会交流有关。无疑，幼儿园是增强孩子社会交流的一个外部环境。但父母们也必须明确，并不是把孩子送进幼儿园自己就不用管了。

幼儿园不仅仅是老师的事，父母也要积极参与。国外幼儿园里有很多父母轮流帮助幼儿园搞清洁卫生，帮助小朋友外出郊游，提供每个父母的参与时间，很少的特别忙的父母才能免去他的义务。幼儿园鼓励父母们参与。父母通过帮助幼儿园做工作，可以知道幼儿园是怎么进行的，也知道老师的辛苦，教学思想是怎么讲的，又是怎么体现的。

这样，幼儿园与父母沟通的渠道就多一些。国内比如孩子开家长会、演出、部分活动等一般是父母中来一个就行了，而在国外，一般都邀请父母一起来，因为这在国外都被认为是对孩子非常重要的活动。所以，父母的参与，体现了父母在亲子教育、幼儿教育当中特别重要的地位和决策。

讲给孩子的故事

把对手变为朋友

很久很久以前，老鼠是山神的宠物，·它向山神要求下凡当一名普通的动物。

山神说："在动物世界中，大象是最强大的，你下凡后，必须战胜大象，你才有资格回到我身边，否则，你就永远留在动物世界吧。"

老鼠答应了山神的条件。

但老鼠一来到动物界，便感到它向山神的承诺是轻率的。因为，它到动物界后，发现自己是一种又小又弱的小动物，要战胜大象那简直是天方夜谭，它后悔了。

但它还是决定试一试。它想，自己要是从大象的长鼻子中钻进去，用身体堵住大象的气管，不让它喘气，大概会迫使它认输。

这天，它趁大象吃树枝之机，悄悄地钻进大象的鼻子中，准备实施它的计划。不料，刚进去一小段路程，大象觉得奇痒，便猛地打了一个喷嚏，老鼠只听到一声巨大的轰响，它便觉得天旋地转，就像炮弹一样射向高空，半天才掉到地上，摔得它浑身上下疼痛难忍。这一下，它可知道大象的厉害了。

由此，大象也恨透了老鼠。它心想，这老鼠长得小，胃口可不小，它竟然想打我大象的主意，真可恶。于是，一见到老鼠，大象就用它那大脚踩，老鼠险些丧命。

此后很久，老鼠总是远远地躲开大象。它不想自讨苦吃。

可天有不测风云。一天，大象落入了猎人设下的巨网中。它挣扎了很久，全身一点力气也没有了。它在等死。老鼠想，这真是天赐良机，大象现在已毫无抵抗能力，只要我在它的要害部位挖几个洞，它就会没命了。我不就战胜大象了吗？

然而，老鼠是善良的。它看到大象可怜的样子，它不忍下手。它的良心告诉它，应该救大象。于是，它开始用它锋利的牙齿咬网和绳子，不知过了多久，那张巨网出现了一个大缺口，大象猛地一用力，它终于从巨网中钻了出来。大象得救了。从这件事情中，大象看到了老鼠可贵的心灵，它决定同老鼠结下友谊，当然，老鼠也愿意交大象这个仁厚的朋友。于是，老鼠和大象化干戈为玉帛。

不久，山神找到了老鼠，它向老鼠祝贺，说它已经战胜了大象。

老鼠说："我还没有战胜大象呢。这大概是不可能了。"

山神说："老鼠，你已经战胜了大象。你将你的对手变成了朋友。难道世界上还有比这更完美的战胜吗？"

告诉孩子

在竞争过程中，要战胜一个人，并不是要将他彻底打倒，要他向你认输，而是要达成和解，成为朋友，这才是完美的战胜。

45

让孩子学会招呼客人

做人处事箴言

在接待客人方面，父母要为孩子做好榜样。在客人造访时，应以礼相待。确实太忙抽不开身时，应大方地向客人说明原因，表示歉意，主动地与客人另约时间，千万不可吞吞吐吐或频频看表来表示送客的心情。在礼貌待客的氛围中长大的孩子，将来必然会成为一个有礼貌的人。

家里来客人了，妈妈会高兴地对孩子说：“宝贝，阿姨来了，快请阿姨进来。”孩子这时候也会表现出同样的快乐，并且很有礼貌地招呼客人。

随着孩子年龄的增长，妈妈开始适时地让孩子做一些力所能及的事情，比如给客人端茶水、拿水果等。如果客人是带着孩子来的，妈妈就会告诉孩子：“你是主人，这位小朋友是你的小客人，你可要把你的客人照顾好呀！”等客人要走时，妈妈会让孩子和自己一起去送，并让孩子友好地和客人说再见。

一次，舅妈来家里做客。门铃一响，孩子就去开门，妈妈

听见孩子说："舅妈好，快请进。我妈妈正等您呢！"小家伙一脸灿烂地招呼客人，俨然一个小绅士。

延伸阅读

教孩子学会礼貌待客

孩子年龄小，不懂得接待客人不要紧，只是父母要及时帮助和引导孩子。否则，孩子长大后依然不懂礼貌待客，那就成问题了。

怎样培养孩子接待客人的能力呢？

1．让孩子做好准备

在客人尚未到来之前，父母应该告诉孩子，客人什么时间来，谁要来。客人与父母、与自己的关系以及该如何称呼，使孩子自己在心理上做好接待客人的准备。

父母可以让孩子和自己一起做接待客人的准备工作。如打扫房间、采购糖果等，共同创造一个欢迎客人的气氛。

2．为客人开门

向外开门时，先敲门，打开门后把住门把手，站在门旁，对客人说"请进"并施礼。进入房间后，用右手将门轻轻关上，请客人入座。向内开门时，敲门后，自己先进入房间，侧身，把住门把手，对客人说"请进"并施礼。轻轻关上门后，请客人入座。

3．为客人引路

在为客人引导时，应教孩子走在客人的左前方 2 至 3 步的地方，让客人走在路中间。要与客人保持步伐一致。要适当地做

些介绍。

在楼梯间引路时，让客人走在右侧，引路人走在左侧，拐弯或有楼梯台阶的地方应使用手势，提醒客人这边请或注意楼梯。

4. 奉茶的注意事项

客人就座后应尽快端上茶水，上茶时要注意不要把有缺口和裂缝的茶碗拿出来使用，使用一次性杯具最好。茶水温度七十度，太烫和太凉的茶水都起不到招待的作用，只会引起来客的不快，茶水合适的温度为七十度，浓淡适中。俗话说："茶满七分，酒满十分。"因此给客人倒茶时只要七分满就行了。这样的俗语便于孩子记，可在平时教给孩子。

5. 招待客人

客人来了，孩子可以在父母帮助下招呼每一个人，请客人坐，请客人吃糖果。还可以把自己的玩具拿出来给小客人玩，把自己的相册拿给大家看。

父母应教孩子大方地回答客人的问话，在别人讲话时不随便插嘴。如果孩子在某一方面有特长，可以提议他为客人表演。制造出一种轻松、愉快、热烈的气氛。

6. 礼貌送客

送客时应主动为客人开门，待客人走出后，你再随后出来。送客千里，终有一别，我们可在适当的地点与客人握别，如电梯口，大门口，停车场或公共交通停车点等。一定要送客人到门口。若是远道而来的贵宾，我们应送客至车站，机场，轮船码头。告诉孩子，送客人要在客人消失在视线时，才打道回府，否则会很失礼。

此外，来客有同伴时，应请同伴在合适的地方等待，要注意别对同行者失礼。

教孩子学会以上礼节，父母应做出表率作用。父母应明白，教育孩子不可急于求成，特别是礼节性的东西，一定要给孩子消化的时间。

讲给孩子的故事

两个孩子的待客之道

一个夏天，一个客人去拜访一位同事，刚巧大人不在家，两个小孩儿出来接待了客人。两个孩子的个子都很矮小，但礼貌很周全。哥哥正读小学三年级，妹妹在幼儿园上大班。

见大人不在家，客人本想立刻告辞，两个孩子却坚持留客人坐一会儿，说是爸爸马上回来。接着小女孩为客人倒了一杯冷开水，小男孩还拿一份报纸和一本杂志给客人看，并且问客人想不想看电视。客人说不必了。小男孩口齿清晰地说：“伯伯请在客厅坐一下，我跟妹妹要到书房写作业了。”

征得客人同意后，两个孩子轻轻关上门，去书房了。

告诉孩子

在客人到来时，要礼貌周到地待客，这样客人会喜欢你，也会有很多朋友。

46

让孩子等朋友走远了再关门

做人处事箴言

生活在现代社会的孩子，必须学会待人接物的方法，善于与人合作。和谐的人际关系与较强人际交往能力，已经越来越成为当今世界人才的重要素质之一。那些不善于与人交往，缺乏待人接物的经验的孩子，缺乏自主能力，实在很难成为栋梁之材。

鹏鹏是个好孩子，只是不懂得待人接物。

小朋友来家里玩，他不懂得主动热情。小朋友起身告辞，他只说了声："拜拜！"就继续玩自己的，连送也不送一下。妈妈看到了说："鹏鹏，小朋友走了，你应该出去送送。"

鹏鹏应了声就真的出去送了。可是，小朋友一出他家的大门，鹏鹏"嘭"的一声就关上了门。

妈妈皱了皱眉头说："送客人时，你应等客人走远再转身关门。不然，客人一出门你就关门，客人会认为你不欢迎他。"

"哦，妈妈，我知道了。但我觉得他是我的好朋友，没必要这么客气。”

“宝贝，这不是客气，而是待人接物的基本礼貌。”

延伸阅读

教孩子学会待人接物

“待人接物”本是“与他人交往相处”的意思。可是，不懂事的孩子却闹出这样一个笑话。

老师问：“‘待人接物’这个成语是什么意思？”一学生答：“在家里等待客人到来，然后接受他带来的礼物。”老师问他何以做此解释，他不说，老师也没再追问。课后，老师邀该生到办公室细问缘由，他才说：“我爸爸当局长，晚上‘待人接物’是我们家的常事。”老师啼笑皆非。

孩子天真纯洁，错解了词语，改过来就是了。但要紧的是作为孩子启蒙老师的父母若行为不检点，无疑会在孩子心灵深处埋下隐患。孩子都有模仿的天性，久而久之，父母待人接物的态度和方式就会在孩子幼小的心灵种下一颗种子并生根发芽。因此，父母一定要严于律己，注意自己待人接物的细节，有意识地培养孩子的交际能力，让孩子形成良好的交际习惯。

父母应该注意自己的表率作用，强调自己对他人的关心和兴趣，引导他人畅言自己的思想，和他人交换意见和看法。如果可能，应该让孩子和小朋友一起玩游戏，这样他才能有机会学习与同伴交流的技巧。

在孩子生长过程中，自主能力和社交能力是相辅相成的。在生活中我们会发现，凡是自主能力强的孩子，其社交能力就比较强。孩子的处事本领、交往能力，需要从小培养。

作为父母，应该创造机会，让孩子自己参加接待客人的活动，以培养其处事能力。

接待客人的活动有利于培养孩子的主人翁精神。在参与接待客人的过程中，体会到主人和客人地位的不同，自然会产生一种自豪感和责任感，会比平时小心十分，殷勤百倍。同时，也有利于培养孩子礼貌待人的好习惯。要接待好客人，让客人满意，就必须在语言、行为上都讲究礼貌，实质上是给孩子提供礼貌待人的练习机会。

父母要注意的是，在孩子不愿接待客人的时候，千万不要强迫孩子。现在生活中，很多父母总会强迫孩子讲礼貌，比如有客人来家里，孩子躲在房间里不出来，不与人打招呼，家长非得把孩子拉出来跟客人问好，结果，孩子产生了逆反心理。

事实上，父母这种强迫的行为本身就是不礼貌的。孩子不愿意与人打招呼必然是有原因的，比如孩子从小就很害羞；孩子认为客人是父母的客人，与自己没关系；或者他正在做作业，一时忘记了打招呼……

这时候，父母需要的是引导孩子去跟客人打招呼，如果孩子实在不想打招呼，父母不应该强迫孩子，应该在事后告诉孩子：“与人打招呼是最基本的礼貌，你去别人家里时也希望受到别人的热情欢迎呀！”这样，让孩子设身处地为他人想想，他的礼貌举止才会发自内心。

孩子只有懂得待人接物，才能在各种场合“临危不惧”，也更加对交际充满信心，在交际中得心应手，从容不迫。这对他将来走向社会、迈向成功都有着重要的意义。

讲给孩子的故事

乱翻别人的东西不礼貌

门铃响了，小狗知道是客人到了。于是，轻轻地微笑着打开了门。果然，朋友小猴子正站在门外。小狗热情地说：“小猴子，你好！很高兴你来我家做客！”

说着，小狗把小猴子让进屋，并请小猴坐下。“稍等片刻，我准备了你最爱吃的水蜜桃！”小狗礼貌地说。

可是小猴子却跟着小狗往里跑。还打开抽屉到处乱翻：“还有什么好东西，快点让我瞧一瞧！”

小狗见此情景直摇头，心想：“乱翻东西可不好，这样的客人没礼貌。以后还是少让他来家里做客的好！”

告诉孩子

每个人都有自己的隐私，即使是关系再好的朋友，未经对方允许，我们也不能乱翻他的东西。

47

让孩子轻爬楼梯

做人处事箴言

父母应该教给孩子一些在公共场合的基本礼仪知识，如保持安静、不制造噪音等。慢慢地，孩子就会养成遵守公共礼仪的习惯，这将使孩子终生受益。

有一天，一位年轻的妈妈带着从幼儿园接回的孩子往家走。她家住 4 楼，每天都要爬楼梯。这天孩子特别兴奋，边上楼梯边跟妈妈大声唱刚刚学会的儿歌，还发出“咚咚”的脚步声，完全不顾是否影响到周围的邻居。

这时，就听妈妈说：“宝贝，你不能这样走路。在我们这幢楼里，有一个 3 岁的小弟弟，还有许多的爷爷奶奶。如果你走路的声音很大，小弟弟会被吓着的，而且爷爷奶奶也受不了噪音，他们会很难受的。”

听了妈妈的话，小女儿眨着一双大眼睛说：“哦，妈妈，对不起，我忘了，我会注意的。老师也教我们在公共场合尽量不要影响别人。”

母女相视一笑，两人轻轻地往楼上走去，尽量不发出声音。

延伸阅读

教孩子学会公共场合下的礼仪

在公共场合，我们就要遵守公共道德，遵守公共礼仪。孩子还小，父母一定要及时教给孩子在公共场合应注意的礼仪。孩子显得有教养，父母脸上自然光彩。

1. 走路的礼仪

走路的时候，如果道路比较窄，应该“眼观四路，耳听八方”，及时给各种车辆让路。不要不自觉地走到路中间，给其他想超越的行人和车辆造成不便。几个人一起走的时候，千万不要为了“保持团结”而并排走，迫使后面的人只能乖乖地跟着你们后面慢慢走。

在人多的地方，不可以横冲直撞。如果碰了别人、踩了别人的脚，应该诚恳道歉。同样，如果别人不小心碰了你或踩了你的脚也应该谅解别人。

如果穿着长大衣或风衣，上下车或楼梯的时候，一定要把衣服提起来，以免走在你身后的人不小心踩到衣角，而使你摔倒。

2. 交谈的礼仪

路上遇到熟人，应主动打招呼。如果需要简短交谈，应站在不碍事的路边。如果两个人相距较远，又需要打招呼，可以挥手示意，或者紧走几步到他附近再喊，不要隔着很远就大喊大叫。

3．洗手间的礼仪

洗手间，很多都用英文作标志。有的地方还在沿用“W？C”，现在基本上用“Toilet”和“Rest-room”或“Bath-room”。

我们都希望使用干干净净的洗手间，所以必须从我做起。每次用完后，无论是公共洗手间还是私人洗手间，都要放水冲洗干净再走，不要添脏添乱。洗完手后最好用纸巾把手和弄湿的洗手池台面擦干净。有的洗手间还专门提供了烘手机、毛巾或纸巾等，洗手后千万要注意把手擦开再走，不要一边走路一边甩动双手，弄得到处是水，甚至甩到其他人身上。有些人习惯在自己身上一抹，这些都是失礼的表现。

4．不可随地坐卧

很多人在公共场合经常“不拘小节”，丑态百出。在街头等公共场所我们经常可以捕捉到这样一些不文明行为。有的人在广场上席地而睡，有的人在路边三轮车上随意一躺，还有人坐到超市提供的推车上休息。虽说都是小问题，但让人看着真的很别扭。告诉孩子，千万别觉得好玩就跟着学。

5．不制造噪音扰乱别人

在公共场合，保持安静是文明的表现。

居民小区里，人们出出进进，关门时往往漫不经心地将门随手一拽就会发出“哐啷哐啷”的响声，扰得四邻不安；在公交车上，有的乘客的手机响了，便拔高喉咙开始回话，更有甚者，还夹杂着一些不堪入耳的“国骂”；在医院的候诊室里，在参观展览的大厅里，在大大小小的会议室里，以及其他的公共场所中，有些人总是拉开嗓门大声喧哗、取闹。

这种人旁若无人的制造噪音，搅得大家烦不胜烦、心神不宁。孩子如果在这种环境下成长，又没有人加以引导的话，他们在公共场所就会也不懂得安静，因为周围司空见惯的嘈杂现象，没有让他们觉得“不懂得安静”是一种不好的行为。所以，父母切勿忽略这个小细节。

此外还要教孩子注意公共卫生，养成把果皮、果核、烟蒂以及其他垃圾扔进垃圾箱的习惯，需要处理痰、涕的时候，应该用纸先包起来，再扔进垃圾箱。乘车的候，要注意保持车内的整洁。如果制造了垃圾，要自觉用袋子装起来准备扔到垃圾箱里，而不要扔到车窗外。在车上，不要乱蹬、乱踏。

讲给孩子的故事

没礼貌的小蛐蛐儿

小蛐蛐儿很没礼貌，更不懂得公共礼仪。夏季的夜晚，他常常在人们睡下之后大声叫喊。

有一天，小蚂蚁实在无法忍受，就对小蛐蛐儿说：“蛐蛐儿大哥，晚上大家都要睡觉，你唱歌的时候能不能小声点。”

小蛐蛐儿一脸不屑地说：“你管得着吗？我晚上精神好，有灵感，能创造出好作品！给你听免费音乐还来找碴，你这个混蛋真不知好歹！”说着，一脚把小蚂蚁踢得老远，又旁若无人地大声地唱了起来。

小蚂蚁揉着跌伤的腿正难过，看见一个小孩轻手轻脚地走了过来，一下子就捉住了小蛐蛐儿……

告诉孩子

说脏话、乱骂人会给别人造成心理上的不适感，引起他人的反感，还会给自己带来麻烦。

48

让孩子保持穿着整洁

做人处事箴言

让孩子在吃饭、外出时都养成礼貌、整洁的习惯，他才更容易得到别人的接纳。如果一个孩子穿着肮脏的衣服，这可能是他父母的责任，而不是他的过错，但这会极大地影响他与其他孩子的交往。因此，父母不要忽视了孩子的仪容仪表问题。要知道，“外表美”与“内在美”原本就是统一的。

妈妈接沛沛放学，在校门口，刚好看见传达室的大爷挡住一个穿着拖鞋、衣衫不整、脏兮兮的中年男子。

在回家的路上，沛沛问妈妈：“妈妈，爷爷为什么不让那位叔叔进学校呢？”

“你觉得那位叔叔怎样？”妈妈没有直接回答，反而问沛沛。

“那位叔叔太脏了，还穿着拖鞋，把衣服披在身上……”沛沛想了想又说：“对了妈妈，我知道，叔叔的行为不符合学生守

则！”

妈妈摸着沛沛的头笑着说：“你说得很对。像那位叔叔那样衣衫不整的人，是不允许出入公共场合的。所以，我们平常应注意保持自己的仪容仪表优雅整洁，这是一种做人的礼貌。”

沛沛说：“我会注意保持穿着整洁的。”

延伸阅读

教孩子保持良好的仪容仪表

生活中人们的仪表非常重要，它反映出一个人的精神状态和礼仪素养，是人们交往中的“第一形象”。仪表是人举止风度的外在体现，它包括人的形体、容貌、健康状况、姿态、举止、服饰、风度等方面。一个人的德才学识等各方面的内在修养都可以通过其外在的仪表表现出来。一个人的仪表体现了他对他人、对社会的尊重，表现出一个人的精神状态和对生活的热爱。仪态端庄、衣冠整洁会给人以朝气蓬勃热情好客、可以依赖的感觉，反之则会给人不美不礼貌的感觉，甚至使人望而生厌。

良好的仪态是一种修养，与容貌和身材相比，它是更深层次的美。容貌美只属于幸运的人，仪态美则往往属于出色的人。因此，仪态美更富有魅力。

父母可以通过保持孩子的仪表整洁干净，使孩子看上去更可爱，更讨人喜欢。也可以教给孩子基本的仪态规范，使孩子看起来更优雅。没有人喜欢跟邋邋遢遢的人交朋友，保持孩子整洁的仪容，会使孩子更受欢迎。

为了维护自我和孩子的形象，父母有必要教孩子修饰仪容仪表。具体来说，要注意以下几点：

1．保持孩子的衣饰整齐干净

衣服脏了要及时换洗，扣子掉了，或某处拉破了要及时缝好。衣服应该式样简单而朴素、宽松而轻便，能让孩子有充分活动的余地就行，不必要华贵，更不必需有过分的装饰物。太复杂的衣服反而不易于保持干净整齐，饰物过多会失去稚气，影响自然美。

2．告诉孩子要注意卫生

要勤洗澡，勤洗脸，脖颈、手都应要干干净净，并经常注意去除眼角、口角及鼻孔的分泌物。指甲要常剪，头发按时理，不得蓬头垢面，体味熏人，这是每个人都应当自觉做好的。要换衣服，消除身体异味。

口腔卫生是个人仪表仪容整洁的重要内容之一。要应保持牙齿的清洁，与人交往前忌吃生葱蒜等带气味食物。不能当着客人面嚼口香糖。有口臭者应及时医治，同时养成早晚刷牙，饭后漱口的习惯。

要使仪容整洁，重在持之以恒，这对自我形象的优劣关系极大。

3．提醒孩子注意姿态

站、坐、走的姿态，面部的表情，说语的声音，手势的运用，都是构成仪态的基本要素。为使孩子具有优美的仪态，父母应要求孩子：站姿挺拔，优美典雅；坐姿娴雅，端正稳重；走姿稳健，轻快自然；目光热情诚恳，微笑善良友好；说话发音清晰，用词准确，语速、语调、语气得当；手势运用得体，规范适度。

4．正确使用手绢或纸巾

用手绢擦鼻涕和不干净之处，弄脏的部位向里折叠放入兜

内。用过的纸巾或有糖果包裹的塑料纸及果皮果核都应扔到纸篓内而不随便扔到地上。摔倒后爬起来要拍去身上的尘土，拿取食物及干净的东西前要洗手。否则满身是土，满脸鼻涕及食物残余，到处扔果皮纸屑，穿得再好也不能给人以仪表整洁的印象。

5．不必过度装扮

端庄简约才不失孩子天真活泼的自然美。有些家长特意把男孩子打扮成小绅士，穿上笔挺的西服，打上领带，显得老气横秋。替女孩烫发、染指甲、涂口红、戴首饰，使孩子受到化妆品的毒害。戴上戒指或发卡摔跤时很可能会扎伤孩子。有时过度打扮不但不美反而俗不可耐。要保持孩子天真活泼的个性，除了教育孩子有礼貌和整洁卫生之外，从仪表上亦可反映出来。

所以说仪容既要修饰，又忌讳标新立异，一鸣惊人，简练、朴素最好。仪容庄重大方，斯文雅气，不仅会给人以美感，而且易于使自己赢得他人的信任。相形之下，将仪容修饰得花里胡哨、轻浮怪诞，是得不偿失的。

此外，父母应让孩子知道，面带微笑最易受到欢迎，因为微笑在外观上给人以美感愉悦，并唤起对方友好热情的信任。待人交往中，态度要诚恳，热情有礼貌，谈笑有节制，对人要多一些尊重、宽容、理解和善意。

讲给孩子的故事

三个面试的小伙子

三个小伙同时接到了一家公司的面试通知。三个人都作一番精心的打扮，怀着忐忑不安的心去面试了。

主考官不说话，只是要目光打量这三个人。

第一个人穿着流着长长的头发，长长的指甲，给人的感觉流里流气。

第二个人胡子没刮，大老远就能闻到他身上的汗臭味。

第三个人穿着洁白的短袖衬衫，小平头理得整整齐齐，整个人看起来干净利索。

主考官发话了，面试就到这里吧，我会在三天内通知你们其中的一位来上班。

第三天，穿白衬衫、留平头的小伙出现在那家公司的办公楼里。

告诉孩子

仪表整洁是对别人的一种礼貌行为，也是对自己的一种尊重。

49

让孩子远离暴力行为

做人处事箴言

选择朋友是孩子人生中的一个重大问题。孩子需要拥有选择朋友的自由，但有时也很期望父母介入其中帮他们鉴别那些不适当的朋友。作为父母，必须真诚地告诉孩子怎样选择朋友，怎样与朋友相处、交往。

模仿是孩子的天性, 如果孩子和爱打架的孩子玩耍, 他很可能去模仿打架的孩子。

毛毛今年四岁，很顽皮，经常和小朋友一起用水枪喷水。一天，一个爱打架的孩子打了毛毛。毛毛很委屈，也很气愤，他对妈妈说：“妈妈，我一会儿去打他！”

妈妈发现毛毛在家里找了一个很长的竿子。妈妈很吃惊，孩子居然准备以暴力的方式解决问题！

妈妈平心静气地说：“妈妈相信你是好孩子！你说说，那个打你的孩子是不是很调皮？”

毛毛说：“是啊！”

妈妈说："那我们就要谅解他！他不是个好孩子，晚上他妈妈一定会惩罚他，批评他。"

"可是我不喜欢他，他老用水枪喷我！我还没报仇呢！"

"他欺负你，你不喜欢他，以后少跟他交往就是了。他找不到朋友，没人跟他玩就是对他的惩罚呀！你是好孩子，一定会找到更多有礼貌、懂事的朋友。"

毛毛想了想，放下了手中的竿子。

延伸阅读

教孩子学会选择朋友

没有朋友的孩子是不快乐的。深入了解孩子们，你会深切地感到，孩子们渴求朋友，渴求友谊。如今的社会每天都发生着巨大的变化，面对社会纷繁莫测的变化，做父母的应该意识到，教孩子学会正确选择朋友，对孩子未来的人际交往是多么重要。

孩子需要朋友，一个孩子在与朋友的交往中，能更茁壮地成长。但是，朋友和朋友不一样，这就有要交什么朋友的问题。少年儿童缺乏社会经验，如何选择朋友，需要得到父母的指导。

孩子的朋友往往是在自然接触、交往中结交的，有的是同学、校友，有的可能是邻居，有的可能是在某项活动中结识的。父母们对孩子的朋友都是比较重视的，一般都希望孩子的朋友人品好、学习好，可以给孩子良好的影响和帮助。父母眼里的"坏"朋友，一般是学习成绩差，又不遵守纪律、贪玩儿，甚至有抽烟、打架等劣迹的孩子。

父母评判好坏朋友的标准不无道理，但切勿代替孩子去选择朋友，而只能引导和帮助。有些父母习惯于把自己的意愿强加在孩子身上，希望孩子找什么样子的朋友，或是把自己喜欢的孩子带回家来强行让孩子与其交朋友，其实，孩子自己未必喜欢。父母应该把选择权交给孩子，让孩子自由选择，自由发展。

父母可以从性格、观念方面帮孩子进行抉择。比如，看孩子的朋友是否具有共享共担的观念，是否具有相互合作的观念，是否与人为善，是否宽以待人……近朱者赤，近墨者黑。孩子正处于可塑性很强的阶段，所以朋友的性格、观念对孩子的影响很大。

父母教孩子选择朋友时，一定要让孩子考虑自身和朋友的性格特点、优缺点、兴趣爱好等。让孩子从自身的性格、心理等方面去考虑该选择什么样的朋友。如果孩子不够自信，那么他与成绩比他差的孩子在一起，没有太多的压力，容易变得坦然、自信。

除了让孩子选择那些与自己的兴趣、爱好等方面相同的人交朋友，更应该帮助孩子选择一些跟自己有所不同的人做朋友。有不同之处，就意味着有互补的可能，孩子的长处会被对方吸取，孩子的不足也可被对方的长处所弥补。两个彼此相异的人相处久了，互相影响对方的同时，自己也会变得完美。如果孩子有粗心大意的毛病，那么他与细致谨慎的朋友交往，则会取长补短。

让不同类型的孩子在一起交往、相处，会令他们成长得更加全面，成为能够适应社会、与社会有着广泛接触的人，而不是孤独、怪僻的人。

异性能不能在一起相处，成为朋友呢？回答是肯定的。在学生时代，男女学生纯真无邪的友谊，有时会给人的一生留下甜蜜感人的记忆。所以，家长不要阻碍孩子与异性之间的正常交往。

父母想给孩子把关，不妨把孩子的朋友请到家里来，和孩子

们一起做饭、游戏、聊天，在与孩子们的交流中了解其朋友，并帮助他们分析是非，教给他们处理问题的具体方法。父母也可以和孩子们一起外出，参加孩子们喜欢的某些活动，如体育活动、郊游等。在活动中，只要你与孩子们真诚相处，他们会把你当成大朋友。

父母一旦和孩子成了朋友，孩子就会对你无话不谈，跟你述说他遇到的烦恼和困惑。这些苦恼和困惑如果不释放出去，就会一直困扰着孩子，在心理上会给孩子造成极大的伤害，严重者甚至会影响孩子的学习及身体健康。所以，做孩子的朋友，帮助孩子将这些苦恼、困惑释放出来，才能真正解放孩子的思想。

孩子择友，也是对父母的考验。只要父母处理得好，孩子就会变成一个快乐、成熟、自立的大孩子。

讲给孩子的故事

孔雀交朋友

有一只骄傲的孔雀，她总觉得自己是世界上最美丽的公主，所以就看不起别的小动物，也不愿意与别人交朋友。

有一天，孔雀在一棵大树下乘凉。一只乌鸦看见了她，很有礼貌地对她说：“美丽的孔雀姐姐，我们交个朋友好吗？”孔雀瞟了乌鸦一眼，满脸不屑地说：“你也不看看自己的长像，黑得跟烧炭的似的，叫声还那么刺耳，我才不愿和丑八怪交朋友呢！”说完孔雀就头也不回地走了。

没一会儿，孔雀来到一棵大榕树下，正在荡秋千的小猴子看

到了她。小猴子满脸笑容地对孔雀说道：“美丽的孔雀姐姐，我们交个朋友好吗？”孔雀恶狠狠地回答道：“你是什么东西！屁股红红的，整天毛手毛脚的，谁愿跟你这样的丑八怪交朋友！”说完，骄傲的孔雀就又昂首挺胸地向前走去。

她走着走着，忽然脚下一滑，只听“扑通”一声，她掉进了一个满是污泥的深水潭里。孔雀吓得连声呼救。乌鸦和猴子闻声赶来，发现美丽的孔雀成了一只泥巴小姐。孔雀看见它们后，就可怜巴巴地哀求道：“求求你们，快救我上去吧，我害怕急了……”话没说完她就“呜呜”地哭了起来。

小猴子赶快跑回去找来一根结实的藤条。小乌鸦叼着绳子，把孔雀的翅膀绑牢。他们费了好大劲终于救出了孔雀。接着他们又帮孔雀洗净了身上的污泥，孔雀又变得光彩夺目了。

事后，孔雀认识到自己交朋友以貌取人是错误的。她不好意思地对小猴子和小乌鸦道谢又道歉，还希望和他们成为朋友。小猴子和小乌鸦笑着说：“我们都有缺点。大家成为好朋友以后，就可以取长补短互相帮助了。”

告诉孩子

交朋友不能只看外表，外表光鲜的不一定是“好”朋友，相貌丑陋的也不一定就是 “坏”朋友。做人只要心灵美，就一定能交到知心朋友。

50

让孩子学会拒绝可疑的人

做人处事箴言

《小鬼当家》看多了，孩子就会低估犯罪分子的智商，而高估自己的智商，觉得自己就是智多星——小鬼。其实，很多孩子平时说起来头头是道，但做起来却往往是一塌糊涂。他们的识别能力还很差，自我保护意识也不强，不让他们尽快养成自我保护的意识和学会自我保护的技巧是不行的。

中午，在学校门口附近吃完午饭，娟子和几个小伙伴在附近玩。

突然过来一名陌生的中年男子。男子推着一辆半旧的自行车，直接走到娟子近前，笑着说："小朋友，我是你妈妈的好友，这是你妈妈帮我给你带的零食。"

说完，男子举起手里装零食的塑料袋，让娟子到对面的胡同去。

娟子早上没听爸爸妈妈说起有朋友来接自己，而且妈妈平时

也告诫自己："不要轻易相信陌生人的话，不要吃陌生人的东西。"

娟子动了动脑筋，说："我不认识你，你知道我妈妈叫什么名字吗？我叫什么名字吗？"男子没接话茬，只是说："我认识你妈妈，等到胡同你就知道了。"

娟子想想说，小伙伴叫我呢，你等我一下。说完，就跟几个伙伴跑回学校大门里了。等她跑了很远再回头看时，陌生男子已不见了。

延伸阅读

教孩子学会自我保护

人们在未受外界自然、刑事犯罪分子侵害，没有面临生与死的威胁时，似乎感受不到生命与保护生命的重要性。而当你真正遇到危险，意识到需要自我保护的时候，往往已经来不及了。所以，培养孩子从小学会自我保护是非常必要的。

陌生人敲门开不开？如果你一般的问一问，学生们都会说："决不开门！"但在实际生活中，这些孩子又是怎样的呢？有位老师随访了 3 个小学生，结果是敲一家，开一家。

生活是美好的，但生活中也处处存在着危险。研究人员有项调查发现，60% 的事故是发生在家里，或者在家的周围，家是人过日子放松的地方，往往更容易出问题。

父母不仅应有自我保护及保护孩子的意识，更应教给孩子一些自我保护的常识。以下是一些教孩子自我保护的常识和建议：

1. 学会识别诱惑

平时，父母应告诉孩子，对于陌生人问路或请求协助寻找丢失的宠物之类的事，应保持警惕，因为这是犯罪分子诱拐儿童的两种普遍的策略。如：有的罪犯装作认识你，叫出你的名字；有的罪犯自称是消防人员，编造你家房子着火的紧急情况等等。父母应告诉孩子，任何人甚至是警察和消防员，在未得到孩子监护人允许的情况下，都不能将他们带走。

2. 注意获取感觉

在紧要关头，应该相信直觉。父母不仅要告诫孩子留神从接触的人或事中获取不安的感觉，还要注意倾听，鼓励孩子讲出他感觉不安的人和事。

3. 坏人不全是陌生人

父母要经常叮嘱孩子“不要跟陌生人说话。”而事实上，伤害孩子的坏人不一定都是陌生人。有些带着伪善面具的熟人也可能是坏人。所以父母一定要帮助孩子“过滤”交往的对象，并教孩子注意识别。

4. 要学会大声呼救

孩子身单力薄是很难打败罪犯，但是孩子却能做许多吸引周围人注意力的事情，比如大声呼喊：“救命！他不是我的爷爷！”骑自行车的儿童可以利用自行车为掩护物，让罪犯难以将自己劫持走，同时大声呼救。这样会引起围观者的注意和警惕，争取到救助。

5. 要勇敢地说：“不！”

每位父母都想培养一个有教养的孩子，但也应让孩子知道，什么时候可以打破常规。比如，有人威逼孩子做危险的事时，要勇于说“不！”

6. 让孩子尽情倾诉

在日常生活中，父母与孩子要经常交流。如果孩子对某人有所不满，父母不要简单地说，不许说某人坏话，而要和孩子一起予以分析，这样孩子才能畅所欲言。一旦他遇到不如意的事，或有人骚扰了他，孩子能够向他信赖的人尽情倾诉。孩子知道有人时刻在关心着他，就能减轻心理压力，减轻心理伤害，并能及时让坏人得到应得的惩治。

7. 明确不可触摸的地方

孩子到了四五岁，父母就应向孩子说明泳衣遮盖的部位是个人隐私区，任何人都无权接触。即使是医生做检查，也应要求监护人在场监督，这是儿童的正当权利。

8. 路上要小心

告诉孩子，上学放学、外出办事尽量走大路，少走僻静小路。若必须走僻静小路，最好结伴而行。如遇坏人打劫，尽快避开，跑向人多的地方，同时大声呼救。

9. 教育孩子严格遵守交通规则

不逆行，不抢行，不闯红灯，不骑快车，不与同学比赛，不拉手搭肩，经常检查车闸灵不灵，不骑车带人。要以实际事例说明不遵守交通规则的危害。

10. 教育孩子在体育活动中注意安全

要按老师要求，做好准备活动，进行单杠、双杠、高低杠、木马、吊环等运动，一定要有人保护，不能单独做有危险的动作。掷铅球、手榴弹躲开危险区域。游泳时量力而行，不要逞强，学会游泳再进深水。跳水要有人指导，不能盲目胡来。

11. 教育孩子在劳动中注意安全

有些劳动使用各种工具，最易出事故。教育孩子听清指导者

的说明，按操作要领干活，不可蛮干。有些化学制品会有毒性，不能乱动。许多劳动现场，安全要求十分严格，必须听从指挥，按要求去做。

12. 教孩子应付紧急情况

教育孩子如在外发现火灾、有人溺水等要大声喊人。不要自己去救火，不会游泳，不会救护，千万不能下水救人。

13. 教孩子学会求助

遇到麻烦找警察，是最基本的常识，但仅此还不够。假如警察不在附近，孩子就不会求助任何人。还应让孩子知道，公园、商场、电影院等地方的工作人员都可以求助，多一个机遇就多了一份生存的希望。

在日常生活中，人们不免会遇到一些紧急情况，当遇到危险时，及时正确地报警是首要环节，一旦报警出现失误，不仅会使公安机关失去战机，而且还会使受害者受到更大的损失。因此作为父母不但应该熟练掌握常用的报警、急救方法，还应该教会孩子正确使用这些方法和注意事项。这样才能保证孩子在遇到危险情况时实施自我保护，及时脱险。

讲给孩子的故事

乞丐打狗

一个乞丐在讨饭的时候遭到了一条狗的攻击，这令他惊惧不已。

再次去讨饭的时候，他捡了一块石头放在身上。然而不幸的

是，这次他遭到了两条狗的攻击，因而虽然他有一块石头护身，但还是被狗咬了。

下次讨饭的时候，他揣了两块石头在身上。可这次依然很不幸，他遭到了三条狗的攻击。

再次讨饭的时候，他索性揣了四块石头在身上，然而这次他还是遭到了群狗的攻击，依然被狗咬了。

后来，为了有效地对付狗的攻击，他不得不背着一篓子石块去讨饭。

有一次，被石块压得喘不过气的乞丐，大着胆子放下石块拿起棍子还击狗，结果令他大吃一惊，他三下两下就把狗打散了。乞丐这才明白，原来棍子既可以打单狗，也可以打群狗。

告诉孩子

为了保护好自己，不但要学会书本上的知识，而且要学会生活中的常识。当遇到险境时，应该动动脑筋，用最直接最有效的方法帮自己摆脱险境。

图书在版编目（CIP）数据

让孩子学会做人处事的50件事/谢正斌编著.-北京：
九州出版社，2007.9
ISBN 978-7-80195-723-8

Ⅰ.让…　Ⅱ.谢…　Ⅲ.人生哲学—儿童读物　Ⅳ.B821-49

中国版本图书馆CIP数据核字（2007）第138569号

让孩子学会做人处事的50件事

作　　者	谢正斌 编著
责任编辑	魏　非
责任校对	沈东云
出版发行	九州出版社
地　　址	北京市西城区阜外大街甲35号　（100037）
发行电话	（010）68992190/2/3/5/6
网　　址	www.jiuzhoupress.com
电子邮箱	jiuzhou@jiuzhoupress.com
印　　刷	北京才智印刷厂
开　　本	710×1010毫米　　16开
印　　张	17.75
字　　数	200千字
版　　次	2007年10月第1版
印　　次	2007年10月第1次印刷
书　　号	ISBN 978-7-80195-723-8/G·380
定　　价	29.00元

教子书坊

教子书坊